Tina Hellwig

Die Geoökosysteme des Nordsee-Wattenmeeres - Fachwissenschaftliche und fachdidaktische Betrachtungen mit Unterrichtsentwurf

GRIN Verlag

Bibliografische Information der Deutschen Nationalbibliothek:

Die Deutsche Bibliothek verzeichnet diese Publikation in der Deutschen Nationalbibliografie; detaillierte bibliografische Daten sind im Internet über http://dnb.d-nb.de/ abrufbar.

Impressum:

Druck und Bindung: Books on Demand GmbH, Norderstedt Germany
ISBN: 978-3-656-28738-4

Dieses Buch bei GRIN:

http://www.grin.com/de/e-book/202486/die-geooekosysteme-des-nordsee-wattenmeeres-fachwissenschaftliche-und

Inhalt

Die Küstenmorphologie des Wattenmeeres hat sich seit der Entstehung vor etwa 6000 Jahren verändert. Das Wattenmeer ist eines der bedeutendsten Gezeitengebiete der Welt mit einer einzigartigen Flora und Fauna. Trotz der täglich veränderten Lebensbedingungen durch Gezeiten und Wetter haben sich viele Tierarten wie Fische, Säugetiere und Vögen an den Raum angepasst (vgl. GÄTJE & REISE 1998, S. 1). „Das Ökosystem übt eine Vielzahl wichtiger Funktionen aus. Es dient Zugvögeln als Rast- und Futterplatz, Fischen als Kinderstube, gestressten Großstädtern als Erholungsort, Schiffen als Transportweg, Naturfreunden zur Beobachtung und Wissenschaftlern als Gelegenheit, das Wissen über die komplexen Vorgänge in Ökosystemen zu vermehren" (ASMUS & RUTH 1994, S. 122). Neben den natürlichen Umweltveränderungen des Wattenmeeres ist der Mensch ein wichtiger Einflussfaktor, indem er in das Ökosystem eingreift und dieses verändert. Zum Schutz dieses Naturraums in der Zukunft wurde das Wattenmeer u.a. als Nationalpark erklärt. Am Beispiel des Nationalparks Schleswig-Holsteinisches Wattenmeer wird diese Arbeit näher auf die Flora und Fauna eingehen.

Im zweiten Teil der Hausarbeit folgt die fachdidaktische Ausarbeitung. Am Beispiel von Schleswig-Holstein und Hessen wurden Lehrpläne und Lehrbücher analysiert, um die Relevanz des Ökosystem Nordsee-Wattenmeer im Unterricht zu veranschaulichen. Eine ausgearbeitete Unterrichtsstunde zur Einführung in den Lebensraum Wattenmeer soll Anregungen über die Umsetzung im Unterricht bieten.

TEIL A:

FACHWISSENSCHAFTLICHE BETRACHTUNGEN

1. Einflussfaktoren

Zahlreiche Faktoren spielen in der Formgebung eines Ökosystems und dessen Dynamik eine Rolle. Exemplarisch erwähnt seien hier die Temperatur, der Sauerstoffgehalt, die Wasserzusammensetzung, Licht und Feuer. Um auf die Besonderheiten des Wattenmeeres einzugehen, wird sich das folgende Kapitel auf die Betrachtung der ersten drei Faktoren beschränken, wobei bei der Wasserzusammensetzung vornehmlich auf dessen Salzgehalt eingegangen wird.

Zunächst soll aber der Einfluss des wohl charakteristischsten Merkmals des Wattenmeeres beschrieben werden.

Die Gezeiten bestehen aus zwei wesentlichen Faktoren, die die Flora und Fauna stark prägt: die Wasserbewegung und die wechselnde Wasserbedeckung.

Die Wasserbewegung bestimmt über die Sortierung der Sedimente. In stillen Gewässern können sich feinere Sedimente leicht ablagern, während dies bei einer großen Dynamik nicht möglich ist. Dafür können dabei auch größere Teilchen transportiert werden.

Auch die für das Wattenmeer typischen Rippelmarken entstehen durch diese Bewegung.

Die Wasserbedeckungszeit ist zum einen natürlich für solche Lebewesen essentiell, die ihren Sauerstoff aus dem Wasser beziehen. Dieses kann jedoch bei Ebbe bis zu 12 Stunden fern bleiben (vgl. INSITITUT DER FACHDIDAKTIK BIOLOGIE DER UNIVERSITÄT DÜSSELDORF, Lebensbedingungen im Watt).[1]

Im Wattenmeer hat die Wasserbedeckungszeit außerdem unmittelbaren Einfluss auf die dort vorherrschende Temperatur. Je länger die Sonne bei Ebbe direkt auf den Meeresboden scheinen kann, umso größer ist die Erwärmung. Diese hängt natürlich auch von der Bodenzusammensetzung (Bodentyp, Porosität, Wassergehalt etc.) ab. So kann es an Sommertagen zu extremen Temperaturunterschieden zwischen den einzelnen Bereichen der Wattfläche kommen. Im Winter lassen sich keine großen Unterschiede feststellen. Die Temperaturunterschiede einer einzelnen Fläche sind dennoch sehr hoch

[1] Aufgrund der zumeist unbekannten Angaben zum Entstehungsjahr einer Internetseite, werden solche Quellen als Zitatangabe im Fließtext in dieser Arbeit lediglich mit dem Autor und den Titel angegeben.

und so müssen die dort lebenden Organismen an diesen Umstand besonders angepasst sein (vgl. BEHRE 1978, S. 10).

Eine weitere Herausforderung, die das Watt als Lebensraum stellt, ist der zum Teil recht geringe Sauerstoffgehalt. Der aus der Nordsee und der Atmosphäre entstammende Sauerstoff kann so zwar im Sand gut gelagert werden, woraus sich eine Oxidationsschicht von mindestens 6 cm ergibt, im Schlick ist der O_2-Gehalt jedoch wesentlich geringer. Hier erreicht die Oxidationsschicht lediglich eine Höhe von 1,5 cm. Dort heimische Bakterien verringern den Sauerstoff-Anteil noch weiter (vgl. POSTMA 1977, S. 103).

Abschließend soll noch auf den Salzgehalt des Meerwassers eingegangen werden. Dieser liegt mit einem Schnitt von 29‰ unterhalb des durchschnittlichen Meereswassers. Dies lässt sich durch den Zulauf von Süßwasser aus den Flüssen erklären. Allerdings kommt es zu einer starken Erhöhung der Salzkonzentration, wenn die Verdunstung in den Sommermonaten zunimmt (vgl. SCHUTZSTATION WATTENMEER, Salz im Meer).

Dadurch können isolierte Kleinräume des Wattenmeergebietes wie etwa Wattwasserscheiden oder Prielufer eine Salzkruste ausbilden. Im Watt lebende Organismen müssen diese Schwankungen ertragen und bestimmte Regulationstechniken entwickeln, um diese Änderungen tolerieren zu können (vgl. INSTITUT DER FACHDIDAKTIK BIOLOGIE DER UNIVERSITÄT DÜSSELDORF, Lebensbedingungen im Watt).

2. Die Bewohner des Wattenmeeres

Nach EXO (1994, S. 261) wird das Wattengebiet von mehr als 50 Vogelarten zur Brut, Rast, Mauser und Überwinterung genutzt. Für Vögel ist das Wattenmeer ein nahrungs- und abwechslungsreiches Gebiet und dient dabei Zugvögeln als Zwischenstopp zur Nahrungsaufnahme zwischen den Brutgebieten in der Arktis und dem Winterquartier in Afrika (EXO 1994, S. 261). Es unterscheidet sich mit den zwei Faktoren nass und salzig vom Festland. Jede Nahrungsaufnahme im Watt bedeutet für Vögel auch die Aufnahme von Salz. Die Eiderenter nimmt etwa 40 bis 60 g Salz pro Tag mit der Nahrung zu sich. Weder die menschliche Niere noch die Vogelniere können so große Mengen Salz verarbeiten, „jedoch (besitzen Vögel) am Kopf über den Augenhöhlen ein Paar Drüsen, die das überschüssige Salz rasch aus dem Blut entfernen können" (SWENNEN 1977, S. 149). Mit der für Vögel typischen Schüttelbewegung des Kopfes wird die Salzlösung von Nase und Schnabelspitze entfernt. Wenige Arten wie Möwen oder Ringelgänse fliegen bei Bedarf zu Süßwasserflächen um zu trinken, die meisten Arten nutzen aber salzhaltiges Seewasser. Das Gefieder der Wattvögel ist bei hoher Oberflächenspannung wasserabweisend und bei trockenem Federkleid auch wärmeisolierend. Die Federn verschließen sich bei tauchenden Vögeln dicht zusammen und verhindern ein Eindringen des Wassers. „Gegen Flüssigkeiten mit niedriger Oberflächenspannung wie Alkohol, Benzin oder Öl besitzt das Federkleid überhaupt keinen Schutz; diese Stoffe dringen sofort durch die Federn und verdrängen dort die Luft" (SWENNEN 1977, S. 149). Von den Gezeiten abhängige Vögel wie Ringelgänse oder Watvögel laufen über den Boden und suchen nach Nahrung. In den Ruheperioden sind die Vögel auf Hochwasserrastplätzen zu finden; diese eignen sich daher gut für Vogelzählungen einer bestimmten Art. Als Rastplätze eignen sich Gebiete, die offen und störungsfrei sind; häufig sind dies bestimmte Flächen am Strand, auf Äckern und in Dünen. Nachts nutzen Vögel diese Plätze kaum, stattdessen sind sie nahe der Wasserlinie zu finden oder stehen im flachen Wasser, um sich gegen Angreifer zu schützen. Andere Vogelarten, zu der die Kormorane gehören, tauchen von der Wasseroberfläche aus oder stürzen aus der Luft hinunter, wie etwa die Seeschwalbe. Diese können jederzeit, unabhängig von den Gezeiten, nach Nahrung suchen. Vorrangig mit den Augen spüren alle Wattvögel die Beute auf, die mit dem Schnabel aufgegriffen wird. Dabei werden Vögel nach Augenjägern, Tastjägern und Stöberjägern unterschieden. Die Möwe gehört zu den Augenjägern, d.h., durch das Anheben des Kopfes das Gesichtsfeld der Möwe vergrößert wird. Dann läuft sie „auf trockenem Boden gebückt, wobei der Schnabel sofort vorschnellen kann, sobald ein Beutetier sich bewegt" (SWENNEN 1977, S. 154). Tastjäger wie Strandläufer oder Knuts sind Tiere, die ihre Nahrung durch die Berührung des Bodens mit dem Schnabel ertasten während sie sich vorwärtsbewegen. Sobald sich Beute wie Würmer im Boden befinden, wird diese mit dem Schnabel vorsichtig herausgezogen. In der Gruppe der Stöberjäger befinden sich u.a. Steinwälzer, die Gegenstände umwerfen, um die dann freigelegten Tiere, vor allem Krebse, zu verzehren. „Die Zahl der Vogelarten auf dem Watt ist größer als die Artenzahl der wichtigsten Nahrungstiere" (SWENNEN 1977, S. 156). Um einer

Nahrungsverknappung einzelner Arten zu entgehen, können Vögel sich umstellen und andere Beutetiere fressen. Menschen stellen für Vögel kaum eine Konkurrenz dar auch wenn sie die gleichen Tiergruppen nutzen. Bei den Würmen ist der Mensch nur an den größeren Arten (Pierwurm und Seeringelwurm) interessiert, die entweder reichlich vorhanden oder für Vögel uninteressant sind. Das Gleiche gilt, für Krebse, Muscheln und Fisch. „Der Mensch entnimmt dem Watt weniger als die Hälfte der Fleischmenge, welche die Vögel verbrauchen" (SWENNEN 1977, S. 157). Die Fischerei des Menschen hat jedoch auch Nachteile. Durch die Nutzung des Watts wird beim Pierwurmgraben ein Teil der Natur, große Mengen an Jungtieren oder wirtschaftlich nicht interessante Arten geschädigt (vgl. SWENNEN 1977, S. 149). Die intensiven Zählungen und Beobachtungen von Vögeln liefern Erkenntnisse über das Ökosystem Wattenmeer und die Fähigkeit der Vögel sich an dieses anzupassen (vgl. EXO 1994, S. 261).

Im Wattenmeer gibt es 20 regelmäßig vorkommende Fischarten. Dabei werden sie in vier Gruppen unterteilt: Standfische, Saisongäste, Kinderstube, Zufallsgäste. Standfischen wie Aalmutter, Seeskorpion oder Butterfisch sind nicht auf das Wattenmeer beschränkt, können einen niedrigen Salzwassergehalt vertragen und sind auch in Nordwesteuropa zu finden. In Küstengewässern laichende Fischarten heften ihre Eier auf festen Grund wie Steinen an. Bei den Saisongästen lassen sich zwei Typen unterscheiden: „Arten, die einen großen Teil ihres Lebens im Wattenmeer verbringen, aber im offenen Meer laichen und überwintern" und „Arten, von denen vor allem erwachsene Exemplare das Wattenmeer besuchen; dabei können Sommer- und Wintergäste unterschieden werden" (ZIJLSTRA 1977, S. 137). Zum ersten Typ gehören Fische wie Seequappe, Flunder und zwei Sandgrundelarten, die außerhalb des Wattenmeeres laichen und überwintern. Bei der Flunder werden die in der Nordsee gelegten Eier durch die Wasserströmung ins Wattenmeer transportiert. Streifenfisch, Hornhecht und einige Seenadelarten nutzen das Wattenmeer zum laichen, aufwachsen und als Nahrungsraum, überwintern jedoch im Meer. Während die ersten beiden Fischtypen ihre Eier an Algen anheften, findet die Entwicklung der Eier in einem Brutbeutel des Seenadelmännchens statt. Zu der zweiten Art gehören Fische wie Seebarsch, Meeräschen und Makrele, die sich nur während den Sommermonaten im Wattenmeer aufhalten und nach Nahrung suchen. Über die Laichplätze dieser Fische bestehen nur Vermutungen. Bei sinkenden Wassertemperaturen verlassen sie das Wattenmeer wieder. Typische Wintergäste wie Stint und Dreistacheliger

Stichling gelangen mit den Süßwasserströmungen im Herbst ins Watt und kehren im Frühjahr in die Mündungsbereiche von Elbe, Weser und Ems zurück. In die dritte Gruppe gehören Fischarten wie Seezunge, Scholle, Hering und Sprotte, „für die das Wattenmeer als wichtigstes Aufwuchsgebiet der Jungstadien, als Kinderstube, fungiert" (ZIJLSTRA 1977, S. 133). Wie die Standfische kann sich diese Gruppe während des Jugendstadiums sehr gut an den vorhandenen Lebensraum anpassen und ist zahlen- und gewichtsmäßig am Stärksten vertreten, wobei sie ein größeres Gebiet nutzen und von daher kaum eine Konkurrenz für die Standfische darstellen. „Die Kinderstuben-Arten produzieren also nicht nur viele Eier je Laichperiode, sie nehmen im Mittel auch öfter an der Fortpflanzung teil, womit ihre Vermehrungsfähigkeit nochmals verstärkt wird" (ZIJLSTRA 1977, S. 140). Dies wird durch die lange Lebensdauer (10-20 Jahre bei Scholle, Seezunge und Hering) unterstützt. Die folgende Abbildung zeigt am Beispiel der Scholle den Weg vom Laichplatz bis zum Aufwachsen im Wattenmeer. Die Scholle laicht zwischen Dezember und März im offenen Meer, sodass pelagische Eier „mit dem nordöstlichen Reststrom in das Gebiet (...) außerhalb des Wattenmeeres transportiert werden" (ZIJLSTRA 1977, S. 138). Zwischen April und Juni gelangt die junge Scholle in das Wattenmeer, wo diese 2-3 Jahre sich entwickeln und aufwachsen. Im Winter leben sie in tieferen Gebieten des Wattenmeeres.

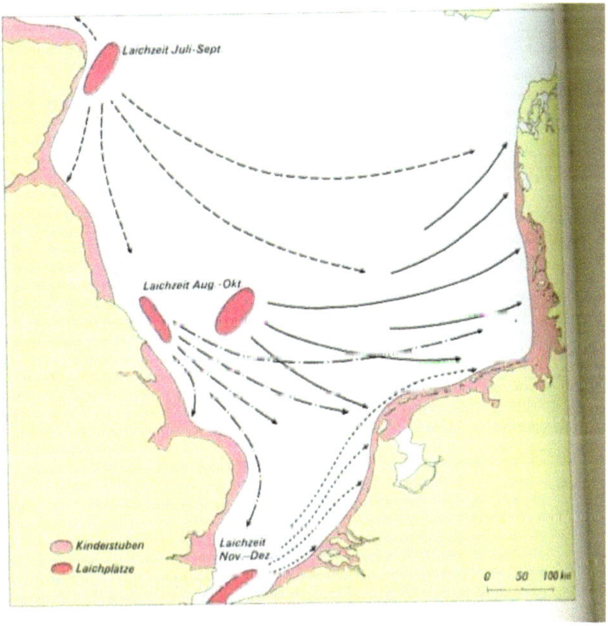

Abbildung 1: Laichplätze und Kinderstube der Scholle.(nach: Zijlstra 1977, S. 138).

Als Zufallsgäste werden Fische bezeichnet, die nicht an den Wattenmeer-Raum angepasst sind und für die das Watt nicht von Bedeutung ist. Fische aus der Nordsee verbreiten sich bei Temperatur- und Salzgehaltschwankungen gelegentlich in ein anderes Gebiet (vgl. ZIJLSTRA 1977, S. 133 ff.).

Im Wattenmeer können aus der Gruppe der Meeressäuger Seehunde und Kegelrobben beobachtet werden. Eher selten sind dazu Ringelrobben zu sehen, die von den skandinavischen Küsten kommen. Für den Seehund stellt das Wattenmeer mit seinem flachen Wasser und den auftauchenden Sandbänken den wichtigsten Lebensraum dar. Die meisten Seehunde verlassen im Winter aufgrund von Nahrungsknappheit (Butt und Garnelen) das Wattenmeer und kehren im Frühjahr wieder zurück, wenn genügende Beute vorhanden ist. Im Juni und Juli werden die jungen Seehunde bei Niedrigwasser auf den Sandbänken geboren, in den ersten Wochen von der Mutter gesäugt, lernen sie aber auch bei gemeinsamen Schwimmausflügen mit der Mutter Nahrung zu jagen. Nach der Stillperiode bilden die älteren und jüngeren Seehunde jeweils eigene Herden bevor im September die Paarungszeit startet, nach der sie sich wieder teilen. Nach dieser Zeit im Wattenmeer beginnt für die jungen Robben ein härteres Leben, es heißt, „zu wachsen und zugleich in Kondition zu bleiben" (HAAFTEN 1977, S. 143). Ihre Nahrung müssen sie durch die Abwanderung unter schwierigen Bedingungen selbst in der Nordsee suchen; im ersten Winter ist die Sterblichkeitsrate der jungen Robben am größten. „Die pro Tag verzehrte Nahrungsmenge liegt beim erwachsenen Seehund zwischen 5 und 7 kg. Dies scheint viel zu sein – jedoch im Vergleich mit den Mengen, die der Mensch täglich dem Wattenmeer entnimmt und welche die Vögel verbrauchen, ist es nur wenig" (HAAFTEN 1977, S. 143). Seehunde wurden vielerorts zum Abschuss freigegeben, da diese bei Auftreten in Herden Fischernetze zerstören können. Im niederländischen Wattenmeer ist der Seehund seit 1954 durch das Jagdgesetz geschützt. Danach führte eine nicht ausgenutzte Abschussquote dazu, dass die Seehundbestände erforscht wurden. Erste Schätzungen beliefen sich 1928 auf etwa 1500 Seehunde, die Zahl ist jedoch mit späteren Zählungen nicht vergleichbar. „In den Jahren 1953, 1954 und 1955 wurden etwa 1200 Seehunde gezählt" (HAAFTEN 1977, S. 143). Zu Beginn durchgeführte Zählungen von Schiffen waren zu ungenau, sodass von Flugzeugen diese Aufgabe im September während der Paarungszeit war genommen wurde. Zu diesem Zeitpunkt sind im Wattenmeer sowohl alte und junge Tiere als auch Männchen und Weibchen zu finden und erleichtern die Vergleichbarkeit über den tatsächlichen Bestand. Die Zählungen kamen zu folgendem Ergebnis: „gegen Ende der fünfziger Jahre war die Zahl (auf 900) erheblich gesunken, bis 1968 stieg sie auf fast 1500 Exemplare wieder an, worauf die Zahl rasch bis auf etwa 500 Stück in den Jahren 1973/1974 absank" (HAAFTEN 1977, S. 144). Im Wattenmeer gibt es für Seehunde keine natürlichen Feinde wie Eisbären, sodass einer der Hauptgründe für den Rückgang der Mensch als Jäger ist. Besonders die härteren Lebensbedingungen für junge Robben im Winter sowie die Jagd auf die wertvollen Pelze dieser jungen Tiere führte zum Verlust des Nachwuchses. Der Anstieg der Zahlen bis 1968 ist auf die Senkung der Abschussquote 1969/61 und auf die Einstellung der Jagd auf Seehunde 1962 in den Niederlanden zurückzuführen. Dort geschützte Seehunde konnten aber immer noch in Deutschland und den Niederlanden gejagt werden. Eine Kooperation mit den Nachbarländern kam ab 1970 zu Stande, die den Bestand durch Zählungen im Wattenmeer kontrollieren sollte. In Niedersachsen wurden ab 1963 Seehundszählungen durchgeführt aber um eine Vergleichbarkeit sicherstellen zu können ab 1970 mit der gleichen Art wie in den Niederlanden. Die Jagd wurde in Niedersachsen ab 1972 eingestellt, eine Ausnahme bildete der Abschuss von kranken Tieren. Eine 1974 stattgefundene Seehundskonferenz auf Helgoland beschloss die Jagd auf Seehunde in Schleswig-Holstein zu beenden und das Wattenmeer länderübergreifend zu beaufsichtigen. Im dänischen Teil des Wattenmeeres kann der Seehundbestand nur geschätzt werden, da Untersuchungen fehlten. Der erneute Rückgang ab 1968 (Niederlande 1968: 1480, 1969: 1200; Niedersachsen 1968: 1541, 1969: 1347) konnte nicht am Lebensraum Wattenmeer liegen, sondern an der Veränderung des Nahrungsangebots. Insbesondere die Sterberate der jungen Seehunde war stark ausgeprägt. „Einige verhungerten, wahrscheinlich weil sie ihre Mutter verloren, andere ertranken in Reusen oder wurden geschossen. Ferner wurden angeborene Defekte und Parasitenbefall festgestellt" (HAAFTEN 1977, S. 145). Der Parasitenbefall führt zum Tod, wenn das Immunsystem des Seehundes bereits durch andere Ursachen angegriffen ist. Desweiteren hat eine „Untersuchung von toten Seehunden aus dem Wattenmeer auf giftige Stoffe (...) sehr hohe Gehalte an PBC (polychloriertes Biphenyl), Quecksilber und Selen (ergeben)" (HAAFTEN 1977, S. 145). Es ist noch nicht sicher, zu welchen

Auswirkungen dieser Schafstoffeintrag für den Seehund führen, jedoch werden junge Robben auch durch Faktoren wie Sportboote, niedrig über den Sandbänken fliegende Flugzeuge, Wattwanderungen oder Gas- und Ölgewinnung auf ihren Ruheplätzen gestört. Die direkt durch den Mensch versuchte Störung kann insbesondere in den ersten Wochen des Seehundlebens nur durch eine Schutzzone um die Seehundsbänke minimiert werden (vgl. HAAFTEN 1977, S. 143 ff.). Durchgeführte Zählungen und Schätzungen ergaben, dass „die Gesamtzahl der Seehunde im ganzen Wattenmeer 1974 etwa bei 3740 lag" (HAAFTEN 1977, S. 147). Schwarz & Heidemann (1994, S. 297) geben an, dass der Bestand 1993 bei etwa 8300 Tieren lag, auch wenn 1988 bei einer Robbenseuche viele Tiere starben und der Anstieg kurz unterbrochen wurde (siehe Abbildung 2).

Teilgebiete	Bestand
Dänemark	*1.433*
Schleswig-Holstein	*3.285*
Niedersachsen	*2.482*
Niederlande	*1.074*
Gesamt	8.274

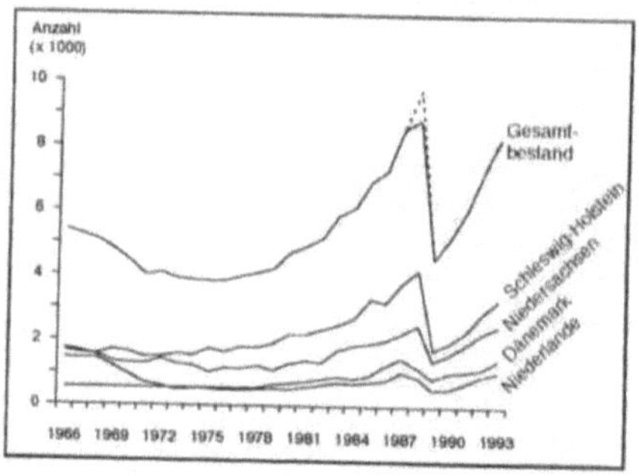

Abbildung 2a: Ergebnisse der Bestandserfassung im Wattenmeer 1993. (nach: Schwarz & Heidemann 1994, S. 297).

Abbildung 2b: Entwicklung des Seehundbestandes im europäischen Wattenmeer zwischen 1966 und 1993. Gestrichelte Linie: Schätzwert für 1998 wenn keine Epidemie stattgefunden hätte. (nach: Schwarz & Heidemann 1994, S. 297).

„Archäologischen Funden zufolge waren Kegelrobben in der Zeit von etwa 6000 v. Chr. Bis zu Beginn des Mittelalters die vorherrschende Robbenart im Wattenmeer" (Schwarz & Heidemann 1994, S. 298). Aufgrund der menschlichen Besiedlung werden im heutigen Wattenmeer nur etwa 200 Kegelrobben auf küstenfernen Liegeplätzen in Holland und Schleswig-Holstein beobachtet. Der Kegelrobbenbestand kann gefördert und erhöht werden, wenn während der Wintermonaten, in der Geburtszeit der Jungen, die Aufzucht an bestimmten Orte ungestört stattfinden kann (vgl. SCHWARZ & HEIDEMANN 1994, S. 296 ff.).

3. Das Watt als Lebensraum[2]

3.1 Flora

Für die Entwicklung der Vegetation spielen Inseln eine besondere Rolle, da „eine Insel (...) ein abgerundetes Ganzes (ist)" und „eine lange Grenzlinie zwischen Meer und Land (besitzt)" (JOENJE & WESTHOFF 1977, S. 177). Die Entwicklung neuer Pflanzenarten, die dann nur in diesem Gebiet zu finden sind, ergibt sich durch die isolierte Insellage. „Auf allen Wattinseln zeigt sich der Kontrast zwischen dem süßen, überwiegend trockenen, nahrungs- und mehr oder weniger kalkarmen Kern, dem Dünengebiet, und der salzigen, nassen und nahrungsreichen Randzone, dem Vorland" (JOENJE & WESTHOFF 1977, S. 177). Die Wattinseln unterscheiden sich aufgrund ihres Standortes in der Artenvielfalt und in den verschiedenen Typen einer Art. Dieser Effekt verstärkt sich, da „die Dünen der Wattinseln aus relativ kalkarmen Material mit weniger als 1,5 % Calziumcarbonat aufgebaut sind" (JOENJE & WESTHOFF 1977, S. 177). Dadurch wird der Vegetationsbestand beeinflusst. „Die Differenzierung und der Artenreichtum sind oft besonders langfristig um so höher, je ärmer der Standort an mineralischen Nährstoffen ist" (JOENJE & WESTHOFF 1977, S. 177). Neben dem Nährstoffmangel beeinflusst die Pflanzen der Wattinseln die ruhige oder dynamische Standortdynamik, die als „eines der wichtigsten ökologischen Kennzeichen" (JOENJE & WESTHOFF 1977, S. 177) bezeichnet wird. Wobei durch menschliche Aktivitäten, die für den ruhigen Standort, bekannten Arten wie Glanzwurz oder Siebenstern verringert wurden. Arten, wie Strandhafer oder Ackerkratzdistel, können sich dagegen behaupten und weiter verbreiten. In den letzten

[2] Dieses Kapitel kann aufgrund der reichhaltigen Vegetation im Wattenmeer nur auf einige Aspekte eingehen.

Jahren zeigte sich, „dass das Standortgefälle umso gleichmäßiger ist, je mehr das höhere Gelände nahrungsarm, trocken und humusreich ist und weiter unten nahrungsreiches, salziges, humusarmes Gelände liegt. Kalkarme an das Meer grenzende Dünen weisen daher meist ein stabiles Standortgefälle und demzufolge einen großen Reichtum an besonderen Pflanzenarten als kalkreiche auf" (JOENJE & WESTHOFF 178). Die Wattinseln werden als Wattendistrikt von der kalkreichen Festlandsvegetation unterschieden. Besonders in älteren Dünentälern finden sich Glockenheide, Besenheide und Krähenbeere. „Die wichtigsten pflanzengeographischen Elemente sind das atlantische, westliche Element, zu dem Glockenheide, (...), Zindelkraut gehören; das nordische Element mit Krähenbeere, Arktischer Binse, Lorbeerweide; und das boreal-alpine Element mit Arten, die sowohl in Nordeuropa wie auch in den mitteleuropäischen Hochgebirgen vorkommen wie Siebenstern, Sprossender Bärlapp, Bärentraube, Rauschbeere und Kleines Zweiblatt" (JOENJE & WESTHOFF 1977, S. 179). Zählungen ergaben, dass auf den Wattinseln etwa 1109 Pflanzenarten zu finden sind. Somit ist „der Artenreichtum auf den Inseln (...) etwa dreimal so groß wie er auf Grund der Flächengröße erwarten werden könnte" (JOENJE & WESTHOFF 1977, S. 179).

3.2 Fauna

Das Gebiet außerhalb des Deiches wird in unterschiedliche Biotope unterteilt: „das hohe schlickige Watt mit den ersten Pionierpflanzen, die Schlickgras- und Quellerzone, die Salzgraswiese, Salzwassertümpel und Prielränder" (KÖNIG 1977, S. 203). In den oberen Sedimentmillimetern des schlickigen Watts leben kleine Wattschnecken, weiter unten Schlickkrebse und Seeringelwurm. In der Schlickgras- und Quellerzone wurde das inzwischen im Wattenmeer weit verbreitete Englische Schlickgras angepflanzt, welches jedoch als Nahrung für Kleintiere oder als Versteck kaum von Bedeutung ist. Dagegen dient die Blütenpflanze des Quellers vielen Tieren (Vögeln, Insekten, Raupen) als Nahrung. In den Salzwiesen gibt es eine reiche Fauna. So besiedeln kleine Individuen die oberen Pflanzenteile und den Boden, die durch die große Anzahl eine entscheidende Bedeutung auch für den Menschen spielen. „Sie tragen alle irgendwie dazu bei, dass das abgelagerte Wattsediment zu einem Boden, einem lebenserfüllten Gefüge wird. Sie durchwühlen den Boden und lagern ihn um, zerkleinern organische Reste und beeinflussen die Tätigkeit der überaus wichtigen Bodenbakterien" (KÖNIG 1977, S. 204). Der Artenreichtum in den unterschiedlichen Bodenzonen ist umso höher je tiefer und feuchter der Boden ist. Andere Kleintiere leben auf dem Vorland an und von Pflanzen und Blumen. Im unteren Teil der Vorländer sind kleine Schnecken wie Nachtschnecken, kleine Lungenschnecken oder Kiemenschnecken in Tümpeln und Prielrändern anzutreffen. Aber auch Insekten nutzen diesen Teil zur Nahrungssuche. Im Spätsommer ist z.B. die Schwebfliege an der blühenden Strandaster zu finden. Aufgrund der vielfältigen Fauna der Dünen ist es nicht möglich, detaillierter drauf einzugehen, sodass dieser Teil nur einen Überblick vermitteln kann. Die Dünenfauna lässt sich nicht klar zu den dahinterliegenden Gebieten abtrennen, sondern geht in Baum- und Buschbestände oder in besiedelte Bereiche über. Durch Wind- und Wasserströmungen gelangen viele Kleintiere unfreiwillig an den Strand; z.B. wurden auf Borkum 2842 Insektenarten festgestellt. Während „auf den ersten kleinen Dünen, die um Strandweizenpflanzen aufgeweht werden, (...) nur wenige Tiere (zu finden sind)" (KÖNIG 1977, S. 206), besiedeln die Strandhaferdünen durch Blütenpflanzen vor allem mehr Spinnen- und Fliegenarten. Die dichte Vegetation auf den älteren Dünen bietet weiteren Sandbewohnern eine Umgebung. Tümpel dienen Amphibien und Reptilien als Lebensmöglichkeit. So nutzt die Kreuzkröte „verheidete Dünentäler" (KÖNIG 1977, S. 207) zum Laichen. Laut KÖNIG (1977, S. 207) ist „die Zahl der Säugetiere auf Vorländer und Dünen (...) klein". Der Fuchs nutzt den Strand zur Nahrungssuche ebenso wie Hermelin und Mauswiesel dort Mäuse jagen (vgl. KÖNIG 1977, S. 203 ff.).

4. Der Kreislauf im Wattenmeer

Laut BEUKEMA (1977, S. 173) ist „das Prinzip (...) immer: Pflanze – Pflanzenfresser – Raubtier(e)". Pflanzliche Organismen bilden die Grundlage für jede Nahrungskette im Wattenmeer. Die Pflanze versorgt sich selbst mit den benötigten Bestandteilen Kohlendioxid, Wasser, Phosphor und Stickstoff und durch die Energie des Sonnenlichts.

Die gebildeten organischen Stoffe bilden die Primärproduktion und somit den Beginn der Nahrungskette. Pflanzenfressende Tiere verzehren die Stoffe, wandeln sie in tierisches Gewebe um oder verbrennen den Großteil, um Energie für Lebensprozesse zu erzeugen. Tierisches Gewebe bildet die Sekundärproduktion. Im nächsten Kettenglied dient „in Fleisch umgewandelte(s) pflanzliche(s) Material" (BEUKEMA 1977, S. 173) wiederum fleischfressenden Tieren als Nahrung (siehe Abbildung 3). „Im Durchschnitt wird jedoch meistens nicht viel mehr als ein Zehntel der Primärproduktion in Sekundärproduktion umgesetzt" (BEUKEMA 1977, S. 173). Der Verlust entsteht insbesondere durch ältere Tiere, die mehr Nahrung selbst verbrauchen, als dass sie neue organische Stoffe aufbauen können. Im Wattenmeer kommt es zu pflanzlicher Produktion im Wasser und auf dem Boden bei Niedrigwasser. „Über sehr großen Teilen des Wattenmeeres, sowohl in den Tiefs wie auch auf den Wattflächen, wird an 300 g organischer Stoffe pro m^2 jährlich produziert" (BEUKEMA 1977, S. 173). Kleine kurzlebige Tiere wie die Wattschnecke produzieren mehr Material als ältere Tiere wie der Pierwurm. Im Wattenmeer ist das Nahrungsangebot „rund doppelt so reich wie die Nordsee und sogar dreimal so reich wie das Mittel aus allen Meeren der Welt" (BEUKEMA 1977, S. 174). Untersuchungen ergaben, dass Bodentiere, Fische und Vögel in diesem Gebiet zahlenmäßig hoch vertreten sind (vgl. BEUKEMA 1977, S. 173 ff.).

Abbildung 3: Nahrungsketten im Watt. (nach: Wolff, W. 1977, S. 1155).

5. Der Einfluss des Menschen auf das Wattenmeer

5.1 Schadstoffe im Wattenmeer

Im folgenden Kapitel sollen die negativen Auswirkungen von Schadstoffen auf das Wattenmeer untersucht werden. Solche werden in drei Kategorien eingeteilt:

Abbildung 4: Die drei Schadstoff-Kategorien. Eigene Darstellung. (nach: Common Wadden Sea Secreteriat, Wasser und Sediment).

Da es in diesem Kapitel das Ziel sein soll, den menschlichen Einfluss auf das Ökosystem zu verdeutlichen, soll im Folgenden näher auf die anthropogenen Mikroverunreinigungen eingegangen werden.

Solche stammen vor allem aus externen Wasserzuläufen wie etwa den großen Flüssen Elbe, Weser, Ems und Ijssell. Diese transportieren jährlich etwa 60 km^3 verschmutztes Wasser in das Wattenmeer. Insgesamt ist das Einzugsgebiet des Wattenmeeres mit einer Fläche von 231.000 km^2 17-mal größer als das Ökosystem selbst und kann als stark industrialisiert und intensiv landwirtschaftlich genutzt beschrieben werden.

Doch ebenso die Nordsee selbst führt ihm Schwebstoffe zu und auch die Atmosphäre liefert dem Wattenmeer solche Schadstoffe aus den Industrieländern Nordwest- und Mitteleuropas (vgl COMMON WADDEN SEA SECRETERIAT, Wasser und Sediment).

Prinzipiell lässt sich sagen, dass die Verschmutzung seit einigen Jahren stark rückläufig ist. Exemplarisch kann dies an dem Schwermetall Cadmium demonstriert werden, dass zum Beispiel bei der Zinkgewinnung und Verarbeitung entstand oder früher in Batterien vorkam. Es ist sehr giftig und wird durch Bioakkumulation von Fischen und Meereslebewesen wie etwa der Miesmuschel aufgenommen. Somit ist auch der Mensch beim Verzehr gefährdet.

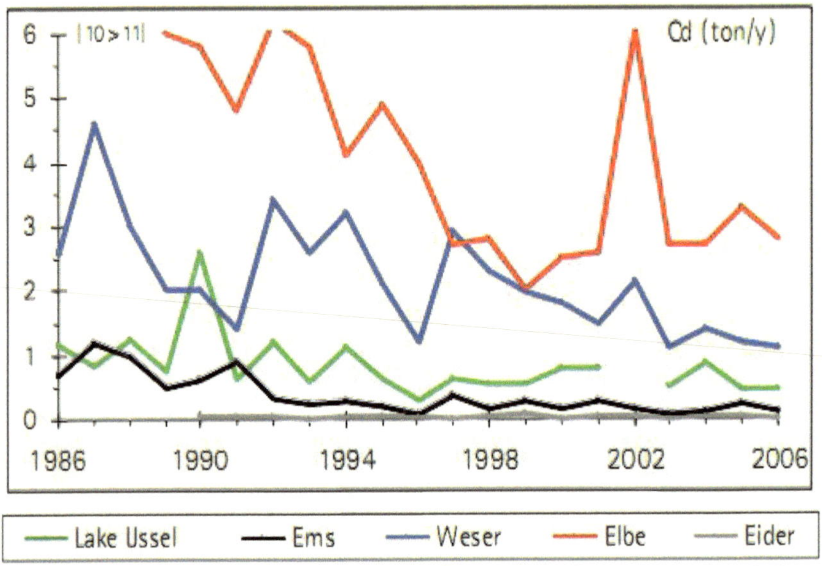

Abbildung 5: Entwicklung der CD-Werte in den Flüssen. (nach: Ospar Comission, Hazardous Substances).

Deutlich wird, dass die Zufuhr des Stoffes bei fast allen Flüssen rückläufig ist. Dennoch geht dieser Rückgang nur relativ langsam vonstatten. Ein solcher Verlauf lässt sich bei fast allen Giftstoffen, die in das Wattenmeer gelangen, beobachten (vgl. COMMON WADDEN SEA SECRETARIAT 2010, S. 39).

Dieser Rückgang kann unter anderem durch das sogenannte OSPAR-Übereinkommen erklärt werden, dass 1994 in Kraft trat. In diesem wird sich um den Schutz der Meeresumwelt des Nordatlantiks bemüht. Damit wurde unter anderem die Abfallbeseitigung auf See verboten (vgl. BUND FÜR NATURSCHUTZ, Übereinkommen zum Schutz der Meeresumwelt des Nordostatlantiks).

Dennoch ist das Ziel der Organisation, das Vorkommen giftiger Stoffe im Nordost-Atlantik auf Null zu senken, noch nicht erreicht (vgl. OSPAR COMISSION, Hazardous Substances). Dies lässt sich auf folgende Ursachen zurückführen:

1. Noch immer gibt es Schadstoffe, die sich auf dem Meeresboden abgelagert haben und nicht abtransportiert werden (können).
2. Auch alte Ablagerungen von Schadstoffen im Meer führen bei der Messung zu Ausschlägen.

3. Manche giftigen Produkte sind in der Industrie noch immer in Gebrauch und werden durch die Atmosphäre an das Wattenmeer abgegeben.
4. Illegale Ablagerungen von Öl-Resten können als der wichtigste Grund der Verschmutzung gelten (vgl. COMMON SEA SECRETERIAT 2010b, S. 40).

5.2 Fischerei im Wattenmeer

Seit dem Beginn der Besiedlung des Wattenraumes spielt die Fischerei eine wesentliche Bedeutung für die Einwohner der Region. Der Reichtum an Fischen, Krebsen und Muscheln war bereits seit zu Zeiten des römischen Schriftsteller Plinius, der von den Aktivitäten der Friesen berichtete, eine günstige Voraussetzung, mit der Fischerei Handel zu betreiben.

Jedoch mussten hierfür besondere Techniken entwickelt werden, die den Eigenheiten der Gezeitenwirkung angepasst war. So wurden sogenannte Platen aufgestellt, die die Fische bei Hochwasser überqueren konnten, dann bei Ebbe jedoch nicht mehr flüchten konnten (vgl. LOZÀN 1994, S. 215).

Mit dem Beginn der Schleppnetzfischerei im 19. Jahrhundert gewann der Fisch-Handel an noch größerer Bedeutung. Ab diesem Zeitpunkt konnten Fangplätze in größerer Entfernung erreicht werden, mit der eine Spezialisierung auf bestimmte Arten einher ging. Neben den Fischen wurden nun vermehrt Garnelen, Seemoos und Austern gesammelt.

Betrachtet man also die aktuelle Fauna des Wattenmeeres, so kann man davon ausgehen, dass der Bestand direkt den Einfluss der Fischerei widerspiegelt.

Gänzlich aus diesem Lebensraum verschwunden sind beispielsweise Austern (vgl. ABRAHAMSE 1977, S. 331).

Seitdem diese zunehmend als Delikatesse von Adeligen wie etwa König Frederic II von Dänemark verspeist und der Transport der Tiere durch Eisenbahnen wesentlich vereinfacht wurde, nahm der Raubbau an der Muschelart drastisch zu. Evolutionsbiologische Entwicklungen schränkten ihre Anzahl im Wattenmeer weiter ein. Während so in Nordfriesland im Jahr 1870 5,3 Millionen Stück erbeutet wurden, waren es

1920 lediglich 200 000 Tiere (vgl. LOZÀN 1994, S. 222) und so musste die Austernfischerei in Nordfriesland im Jahr 1925 eingestellt werden (vgl. LANDESAMT FÜR DEN NATIONALPARK SCHLESWIG-HOLSTEINISCHES WATTENMEER 1999, S. 170).

Doch nicht nur durch die eigentliche Entnahme der Fische aus dem Meer spiegelt sich der Einfluss des Menschen auf das Ökosystem wieder.

Durch die gezielte Zucht von bestimmten Muschelarten in eingegrenzten Kulturen werden an dieser Stelle die Umweltfaktoren verändert. So setzen besonders Miesmuscheln Schlick ab, der dem Wasser die Nahrung entzieht. Somit können sich Planktonfresser nicht mehr versorgen, die wiederum als Futter für größere Organismen dienen können (vgl. ABRAHAMSE 1977, S. 269).

Auch die Entnahme von ungewünschtem Beifang von Garnelen, der schließlich wieder in das Meer zurückgegeben wird und dort von Möwen verspeist wird oder die Zerstörung der Bodenfauna durch Fanggeräte können als solch passive Beeinflussung durch den Menschen beschrieben werden (vgl. NATIONALPARKVERWALTUNG NIEDERSÄCHSISCHES WATTENMEER 1999, S. 120).

5.3 Schiffsverkehr

Der Schiffsverkehr hat zweifellos vielerlei Auswirkungen auf das Ökosystem des Wattenmeeres. Dieser Einfluss geht sowohl von kleinen Sportbooten aus, die zum Beispiel Vögel und Enten dauerhaft vertreiben können (vgl. LANDESAMT FÜR DEN NATIONALPARK SCHLESWIG-HOLSTEINISCHES WATTENMEER 1999, S. 190), als auch von großen Linienschiffen oder Frachtern, die bei einer Havarie Unmengen Öl an das Meer abgeben und somit Flora und Fauna zerstören können.

Die Errichtung der drei deutschen Nationalparks, die das Wattenmeer vor schädlichen menschlichen Eingriffen schützen sollten, konnten diese Schäden nicht verhindern, da rechtliche Regelungen, die Schifffahrt sogar in offiziell nicht betretbaren Gegenden des Wattenmeeres (sogenannte Zone-1-Gebiete) zuließen. So darf laut Gesetz das Recht der reinen Durchfahrt ausländischen Schiffen nicht verwehr bleiben (vgl. COMMON WADDEN SEA SECRETARIAT 2010, S. 10).

Durch die Wichtigkeit der Nordsee als Handelsstraße wurde so auch das Wattenmeer mit 26000 Schiffsbewegungen im Jahr zu einem der weltweit am meisten befahrenen Gebiete. So wurden außerdem an den Nordseehäfen 1999 171,5 Mio. Tonnen Ladung umgeschlagen, die bei einem Unglück stets zur Gefahr für das Ökosystem werden können. Zu den drei wichtigsten Häfen zählen Hamburg, Bremen/Bremerhaven und Wilhelmshaven (vgl. COMMON WADDEN SEA SECRETARIAT 2009, S. 5).

Außerdem bedrohen besonders Schiffe den Lebensraum der Tiere durch ihre Lautstärke. Doch besonders gravierend sind durch sie ausgelöste Verschmutzungen. Dabei spielen nicht nur die bereits erwähnten Havarien eine Rolle. Auch illegal gereinigte Tanks, Ölrückstände und über Bord gegangene Abfälle kann zu einer dauerhaften Veränderung des Ökosystems Wattenmeer führen (vgl. LANDESAMT FÜR DEN NATIONALPARK SCHLESWIG-HOLSTEINISCHES WATTENMEER 1999, S. 190).

Spätestens nach der besonders schlimmen Schiffskatastrophe der Pallas vor der schleswig-holsteinischen Küste im Jahr 1998, die durch das auslaufende Öl 12 000 Seevögeln und mehreren Dutzend Seehunden das Leben kostete, wurde deutlich, welch schwerwiegenden Folgen die Schifffahrt für das Wattenmeer haben kann.

Um diese Schäden einzudämmen wurde dieser Raum der Nordsee von der Internationalen Schifffahrtsorganisation (IMO) 2002 als "Particularly Sensitive Sea Area" (kurz: PSSA) ausgeschrieben. Damit sind jene Meeresgebiete gemeint, die wegen ihrer ökologischen, sozio-ökonomischen und wissenschaftlichen Bedeutung einen besonderen Schutz vor den schädlichen Auswirkungen der Schifffahrt zu erhalten (vgl. COMMON WADDEN SEA SECRETARIAT 2010, S. 10). Wertvolle Ökosysteme wie unter anderem das Great Barrier Reef von Australien oder die Florida Keys von den USA zählen momentan dazu (vgl. INTERNATIONAL MARITIME ORGANIZATION, Particularly Sensitive Sea Areas).

Eine Übersicht über das PSSA-Gebiet des Wattenmeeres wird nun an dieser Stelle gegeben:

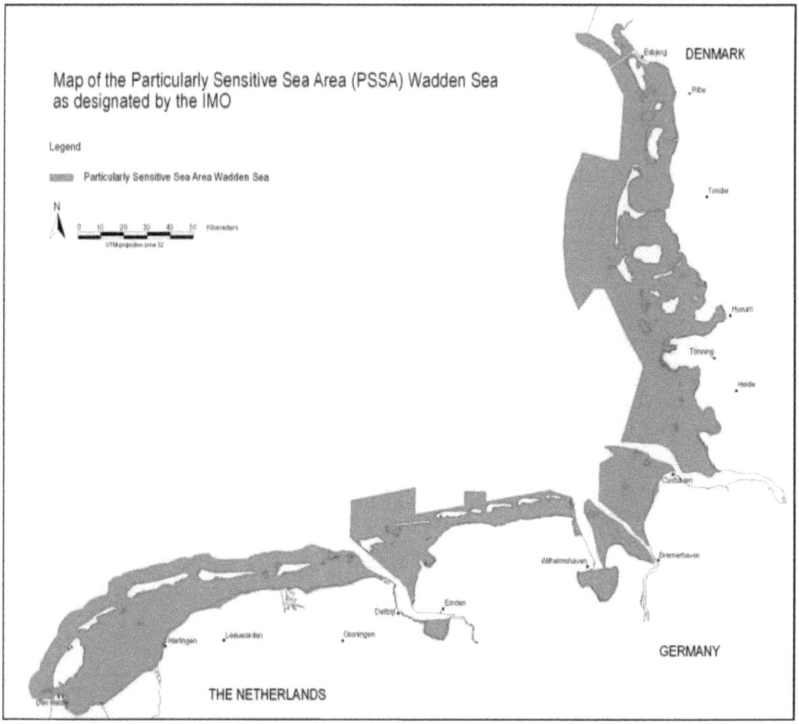

Abbildung 6: Die PSSA Gebiete des Wattenmeeres. (nach: http://www.waddensea-secretariat.org/tgc/pssa/PSSA-designated.jpg).

Das PSSA ermöglicht es, auf die lokalen Bedingungen der Gebiete einzugehen und sie stärker unter Schutz zu stellen. Die wichtigsten Instrumente hierfür werden in der unten stehenden Tabelle aufgelistet:

1.	· Sperrgebiete, die von Tankern oder anderen Gefahrgutschiffen nicht befahren werden dürfen
2.	· Verkehrstrennungsgebiete, um Schiffe auf festgelegte Routen zu leiten,
3.	· Küstenverkehrszonen und Tiefwasserrouten, um den lokalen Verkehr vom Durchgangsverkehr zu trennen
4.	· Spezielle Entsorgungsregelungen (nach MARPOL 73/78), um die Einleitung von Ölresten, Müll und anderen schädlichen Stoffen zu verhindern
5.	· Lotsenannahmepflicht, um sicherzustellen, dass die Schiffe solche örtlichen Experten nutzen, Schutz des Wattenmeeres vor Schiffsunfällen durch Einrichtung

	eines „PSSA Wattenmeer“
6.	· Berichtspflicht, um den Informationsfluss zwischen Schiff und Küste sicherzustellen
7.	· Schiffsverkehrsmanagement, um die Durchfahrt der Schiffe zu unterstützen und zu überwachen
8.	· Auch weitere spezifische und innovative Maßnahmen können, den lokalen Bedürfnissen entsprechend, eingesetzt werden.

Abbildung 7: Programm des PSSA. Eigene Darstellung. (nach: Common Wadden Sea SECRETARIAT 2010a S. 10.)

Wie ersichtlich wird, geht es nicht darum, den Schiffsverkehr in diesem Gebiet einzudämmen, sondern die Rücksichtnahme auf die Umwelt zu verstärken. Dieser Umstand macht es schwierig, damit erreichte Ergebnisse in einer Statistik zu veröffentlichen. Feststellen lässt sich, dass seitdem keine schwerwiegenden Verschmutzungen des Gebietes mehr stattfanden, es jedoch des Öfteren zu kleineren Unfällen und Kollisionen kam (vgl. COMMON WADDEN SEA SECRETARIAT 2009, S. 10).

5.4 Tourismus

Die Region um das Wattenmeer hat einen einmaligen touristischen Reiz, der sich immer größerer Beliebtheit erfreut. Nachdem 1797 das erste Seebad auf Norderney gegründet wurde, nahm der Fernverkehr rasant zu. Ab den 1960er Jahren stellte sich ein exponentielles Wachstum ein, das es nötig machte, weitere Unterkünfte, Parkplätze und Freizeitmöglichkeiten auszubauen (vgl. ABRAHAMSE 1977, S. 301).

In den Jahren 2007/2008 wurden so bereits 50 Millionen Übernachtungen verzeichnet. Hinzu kommen Tagesausflügler und Einheimische. Dieser wirtschaftliche Aspekt des Wattenmeerraumes ist fraglos essentiell für die dran beteiligten Länder, doch sie stehen damit vor der schwierigen Situation, ihre Natur zu beschützen und gleichsam den Fremdenverkehr nicht zum Erliegen zu bringen.

Dies ist insofern schwierig, als dass 80% der Besucher strand- und wattorientierte Gäste sind (vgl. LANDESAMT FÜR DEN NATIONALPARK SCHLESWIG-HOLSTEINISCHES WATTENMEER 1999, S. 182).

Durch das häufig unerlaubte Betreten von Dünen oder dem „Wild-Campen“, wird der Boden durch den Vertritt verdichtet und krustig. Damit ändert sich die Flora und das Artenreichtum geht zurück. Weiterhin wird die Windgeschwindigkeit durch die weniger rauen Oberflächen erhöht, wodurch die Bodenschichten austrocknen. Die Vegetation wird spärlicher, wodurch die Winderosion begünstigt und die Lebensbedingungen der Tiere verschlechtert werden.

Die Bodenversiegelung, die durch die zunehmende Bebauung verursacht wird, hat ebenfalls eine unwiderrufliche Zerstörung der Ökotope zur Folge (vgl. LANDESAMT FÜR DEN NATIONALPARK SCHLESWIG-HOLSTEINISCHES WATTENMEER 1999, S. 184).

Lösungsweg kann es nicht sein, die Besucherzahlen zu reduzieren, da sich dies negativ auf die Wirtschaft der Länder auswirkt. Vielmehr muss an einem umfassenden Konzept zur Informierung der Besucher in Gang gesetzt werden. Einer Umfrage zufolge, akzeptieren diese nämlich den Vorrang des Umweltschutzes vor der Nutzung des Gebietes. Das lässt darauf schließen, dass sich viele Gäste schlichtweg nicht darüber im Klaren sind, wie schädlich ihr unkorrektes Verhalten ist. Besonders über die Salzwiesen und Dünen muss noch mehr informiert werden, um ihnen bewusst zu machen, wie empfindlich solche Gebiete sind (vgl. LANDESAMT FÜR DEN NATIONALPARK SCHLESWIG-HOLSTEINISCHES WATTENMEER 1999, S. 182).

5.5 Die Einrichtung von Nationalparks - Beispiel Schleswig-Holsteinisches Wattenmeer

5.5.1 Allgemein

Das deutsche Wattenmeergebiet der Nordsee wird durch drei Nationalparks geschützt: das Schleswig-Holsteinische (1985), das Niedersächsische (1986) und zuletzt das Hamburgische Wattenmeer (1990) (Nationalpark Wattenmeer, Schleswig-Holsteinisches Wattenmeer).[3]

[3] Karten zu den jeweiligen Nationalparks sind im Anhang 1-3 zu finden.

Die IUCN (International Union for the Conservation of Nature and Natural Ressources) hat diese Kategorie von Schutzgebiet anhand der primären Management-Ziele wie folgt definiert (WWF 2008, S. 1):

> Das Hauptziel in den [...]Nationalparks ist es, die natürliche Biodiversität zusammen mit den dazu gehörigen ökologischen Strukturen zu schützen, und in diesem Zusammenhang auch eine die Umwelt schonende Naturbildung und Naturerlebnis zu fördern. Nationalparks im Sinne der Management-Kategorie II sollen großräumig sein und schützen typischerweise ein funktionierendes und komplettes Ökosystem, um ihrem Ziel gerecht werden zu können. (WWF 2008, S. 3)

Unter dieser kurzen Definition sind Ziele wie etwa der Erhalt natürlicher Lebensräume, Erhalt des Artenreichtums und Erhalt der für das Ökosystem typischen Strukturen zusammengefasst (NATIONALPARK WATTENMEER, Niedersächsisches Wattenmeer).

Welche Folgen ein solches Vorhaben mit sich bringt, soll im Folgenden an dem Nationalpark des Niedersächsischen Wattenmeeres demonstriert werden.

Dieses ist nach dem Schleswig-Holsteinischen Wattenmeer mit einer Fläche von 441 000 ha (Nationalpark Wattenmeer Jahr unbekannt, S. 8), der zweitgrößte deutsche Nationalpark mit einer Größe von 345 000 ha. Ob die oben aufgeführten Ziele in diesem Schutzgebiet bisher durchgesetzt werden konnten, soll nun untersucht werden.

Zunächst wurde das Gebiet in 3 Zonen aufgeteilt, die es ermöglichen sollen, die Nutzung des Gebietes und den Naturschutz zu trennen. So ist die Zone 1 für solche Teile des Wattenmeeres als Ruhezonen ausgelegt, die es wattenmeertypischen Tieren, Pflanzen und Landschaftstypen wie etwa Dünen und Salzwiesen ermöglicht, vor den Einflüssen den Menschen verschont zu bleiben. Dementsprechend besteht ein absolutes Wegegebot.

Die Zone 2 wird als Zwischenzone bezeichnet. Hier soll der ursprüngliche Landschaftstyp erhalten bleiben, weshalb eine Bebauung unzulässig ist. Jagd und Landwirtschaft sind aber dennoch gestattet. In der Zone 3 befinden sich Strandabschnitte, die für den Bade- und Kurbetrieb ausgelegt sind (vgl. NATIONALPARKVERWALTUNG NIEDERSÄCHSISCHES WATTENMEER 1999, S. 164).

Daran wird deutlich, dass die Landschaft des Wattenmeeres zwar Natur bleiben soll (so der Leitsatz der Nationalparkverwaltung Niedersächsisches Wattenmeer), doch die wirtschaftliche Funktion der Gegend nicht ausgeschlossen werden darf. Es geht nicht nur um den Schutz des Lebensraumes, sondern auch darum, diesen den Menschen nahe zu bringen und ihn für Erholungszwecke nutzen zu können (vgl. NATIONALPARKVERWALTUNG NIEDERSÄCHSISCHES WATTENMEER 2006, S. 8).

Inwieweit solche Regelungen einen positiven Einfluss auf das Ökosystem haben, wird durch ein intensives Monitoring überprüft. Hierfür wurden Bildflüge durchgeführt, deren Luftbilder anschließend nach Biotypen und Lebensräumen ausgewertet wurden und Tierzählungen vorgenommen. Welche Ergebnisse eine solche Überwachung liefert, soll in den folgenden Kapiteln für die Landschaftstypen und die Vegetation sowie für die Fauna untersucht werden.

5.5.2 Landschaftstypen und Vegetation

Als erste Übersicht für diese Thematik soll zunächst die folgende Tabelle dienen.

Lebensraumtypen	1991	1997
Watt mit Schlickgrasbeständen	124	134
Atlantische Salzwiesen	7960	8209
Primärdünen	145	151
Weißdünen mit Strandhafer	373	367
Graudünen der Küsten mit krautiger Vegetation	2478	2541
Krähenbeerheide der Küsten	246	262
Sanddorn-Gebüsch der Küstendünen	186	213
Kriechweiden-Gebüsch der Küstendünen	16	13
Bewaldete Küstendünen	488	471
Feuchte Dünentäler	243	282

Abbildung 8: Entwicklung der Lebensraumtypen im Wattenmeer. Eigene Darstellung. (nach: Nationalparkverwaltung Niedersächsisches Wattenmeer 2006, S. 12).

Tendenziell ist in beinahe allen Landschaftsraumtypen eine Zunahme zu erkennen. Besonders positiv bewertet wird dies bei den besonders empfindlichen Salzwiesen, die stark unter der landwirtschaftlichen Nutzung und die damit einhergehende übermäßige Beweidung durch den Menschen litten (vgl. NATIONALPARKVERWALTUNG NIEDERSÄCHSISCHES WATTENMEER 1999, S. 126).

Seit dem Jahr 2001 gehören alle Salzwiesen Niedersachsens (insgesamt ca. 8300 ha) zum Nationalpark, wodurch die zum Großteil dem menschlichen Einfluss entzogen werden (vgl. NATIONALPARKVERWALTUNG NIEDERSÄCHSISCHES WATTENMEER 2006, S. 35). Mittlerweile kann ein Zuwachs dieses Landschaftstyps um 250 ha festgestellt werden, der auch den 400 Insektenarten, die sich auf die 25 salzwiesentypischen Pflanzenarten spezialisiert haben, zugutekommt (vgl. NATIONALPARK-VERWALTUNG NIEDERSÄCHSISCHES WATTENMEER 2

Abbildung 9: Salzwiese. (nach: Nationalparkverwaltung Niedersächsisches Wattenmeer 2006, S. 10.) 2006, S. 12).

Jedoch können auch Zunahmen von Landschaftstypen ein Indikator für eine fehlende natürliche Dynamik sein. Beispielhaft lässt sich dies an dem Zusammenhang zwischen Dünen und der Krähenbeerheide der Küste demonstrieren.

Die Dünen im Osten der Inseln wurden vor der Gründung des Nationalparks befestigt, um eine Ausweitung in den Westen, wo sich zahlreiche Siedlungen befinden, zu verhindern. Dadurch konnte sich die Krähenbeerheide in den Graudünen vermehrt ansiedeln. Konkurrenzschwache Pioniervegetation, die in diesem Gebiet als hochgradig gefährdet eingestuft wird, kann sich dadurch nicht mehr ansiedeln.

Solche Zusammenhänge werden von dem Management de Nationalparkes erkannt und ausgiebig kartiert. Damit können zukünftige Entwicklungen prognostiziert werden, die wiederum weitere Schutzmaßnahmen einleiten und Nutzungsansprüche anpassen können (vgl. NATIONALPARKVERWALTUNG NIEDERSÄCHSISCHES WATTENMEER 2006, S. 12).

5.5.3 Fauna

Um den Meeressäugern, die in der Region des Wattenmeeres heimisch sind, einen umfassenden Schutz zu bieten und ihre Vermehrung zu unterstützen, wird seit dem Jahr 2001 die Fauna-Flora-Habitat-Richtlinie durch das Gesetz über den Nationalpark „Niedersächsisches Wattenmeer" angewendet. Definiert wird diese wie folgt:

> Die Fauna-Flora-Habitat-Richtlinie hat zum Ziel, wildlebende Arten, deren Lebensräume und die europaweite Vernetzung dieser Lebensräume zu sichern und zu schützen. Die Vernetzung dient der Bewahrung, (Wieder-)herstellung und Entwicklung ökologischer Wechselbeziehungen sowie der Förderung natürlicher Ausbreitungs- und Wiederbesiedlungsprozesse. Sie dient damit der von den EU-Mitgliedstaaten 1992 eingegangenen Verpflichtungen zum Schutz der biologischen Vielfalt (vgl. MANDERBACH, Fauna-Flora-Habitat-Richtlinie).

Ein besonderes Augenmerk wird im Wattenmeer auf den Seehund gerichtet, dessen Schutz durch den Nationalpark als Beispiel für die Meeressäuger im Folgenden näher beschrieben werden soll.

Der Grundstein, der von der trilateralen Kooperation der Wattenmeer-Staaten Niederlande, Deutschland und Dänemark zum Schutz der Seehunde in der Region gelegt wurde, war das „Abkommen zum Schutz der Seehunde im Wattenmeer" im Jahre 1991. Ziel war dabei die Aufrechterhaltung der Seehundpopulation des Wattenmeeres, das durch den „Seal Management Plan" (der aktuelle SMP für die Jahre 2007-2010) ist mittlerweile der Dritte seiner Art) erreicht werden soll (vgl. COMMON WADDEN SEA SECRETERIAT, Meeressäugetiere). Darin vereinbart werden folgende Arbeitsbereiche:

Arbeitsbereiche	bearbeitete Themen
Überwachung und Messung	Lebensräume Umweltverschmutzung Illegale Jagdaktivitäten
Recherche und Monitoring	Allgemeines Umweltverschmutzung
Seehundentnahmen und Ausnahmen	Entnahmen Ausnahme von Entnahmen
Öffentlichkeitsarbeit	
Finanzierung	

Abbildung 10: Arbeitsbereiche des Seal Management Plans. Eigene Darstellung. (nach: COMMON WADDEN SEA SECRETERIAT Jahr unbekannt, S. 2f).

Im niedersächsischen Nationalpark wird das Monitoring zur Erfassung der Bestände durch Flüge über die Seehundbänke in den Monaten Mai bis August durchgeführt. Die Ergebnisse (siehe Anhang 4) können als positiv bewertet werden.[4]

Dies kann zum Einen auf den Seal Management Plan zurückgeführt werden. Weiterhin werden in der Verordnung über das „Befahren der Bundeswasserstraßen in Nationalparken im Bereich der Nordsee“ großflächige Robbenschutzgebiete ausgewiesen, die zweitweise gesperrt sind. Auch die Jagd auf die Tiere wird durch eine ganzjährige Schonzeit verhindert, wodurch sich der Bestand seit 30 Jahren ungestört entwickeln kann (vgl. NATIONALPARKVERWALTUNG NIEDERSÄCHSISCHES WATTENMEER 2006, S. 16f).

Auch anderen Meeressäugern sowie die in der Wattenmeerregion vorkommenden Vogelarten wird versucht, durch ähnliche Schutzmaßnahmen und Monitorings gerecht zu werden. Ihre Behandlung muss jedoch in dieser Arbeit aufgrund des begrenzten Rahmens unterbleiben.

[4] Die Einbrüche in den Jahren 1989 und 2002 lassen sich auf die Seehundseuche zurückführen und lassen sich so also nicht durch den menschlichen Einfluss erklären

TEIL B:

FACHDIDAKTISCHE BETRACHTUNGEN

In der Schule soll der Erdkundeunterricht fächerübergreifend unterrichtet werden und dient als Schnittstelle zwischen den Natur- und Geisteswissenschaften. Laut dem Lehrplan aus Schleswig-Holstein soll das „Fach Erdkunde (...) den Schülerinnen und Schülern Grundeinsichten und –fertigkeiten (vermitteln), damit sie sich sachkundig und verantwortungsbewusst in ihrer natürlichen und sozialen Umwelt verhalten und an der Bewältigung von Gegenwartsproblemen und Zukunftsaufgaben beteiligen können" (Kultusministerium Schleswig-Holstein Jahr unbekannt, S. 15). Die Auswahl der Themen erfolgt jahrgangsübergreifend, z.T. jedoch für unterschiedliche Schulformen getrennt, und schließt auch den Erwerb von Kompetenzen mit ein, die kontinuierlich geographische Kenntnisse und Fertigkeiten vermitteln sollen.

Der folgende Vergleich zeigt Unterschiede und Gemeinsamkeiten der curricularen Vorgaben aus zwei unterschiedlichen Bundesländern. In Schleswig-Holstein wird in der Jahrgangsstufe 5 bereits auf das Leben der Menschen an der Nordseeküste behandelt, speziell sollen Sturmfluten und Küstenschutz unterrichtet werden.

Themen	Inhalte
1. Die Erde erkunden	– Wie wir uns orientieren – Astronauten sehen die Erde und das Weltall
2. Wie wir und andere leben	– Leben in anderen Landschaftsgürteln, z. B. Pygmäen im tropischen Regenwald, bei den Eskimo (Inuit) auf Grönland – Leben in bedrohten Gebieten: Vulkanismus, Erdbeben – Leben in bedrohten Gebieten bei uns: Sturmfluten und Küstenschutz an der deutschen Nordseeküste

Abbildung 11: Ausschnitt der Themenübersicht für die Klassenstufe 5 - Hauptschule, Realschule, Gymnasium. (nach: Kultusministerium Schleswig-Holstein Jahr unbekannt, S. 23).

Der hessische Lehrplan sieht für das zweite Halbjahr der Jahrgangsstufe 5 folgende verbindliche Inhalte vor. Im Vergleich zum Lehrplan aus Schleswig-Holstein sind die Inhalte für die Schüler jedoch nicht lebensnah sondern mehr allgemein zum Leben an der Nord- und Ostsee. Das Thema Küstenschutz ist auch hier vorhanden.

5G.2

Leben in Räumen unterschiedlicher Naturausstattung

Regionaler Schwerpunkt: Europa

Std.: 25

Europäische Großräume:

a) Nord- und Ostsee

Fischerei- u. Energiewirtschaft (Nutzungswandel), Küstenschutz,

Gezeiten, Landgewinnung, Meeresverschmutzung

[10 Std.]

b) Alpen

Höhenstufen, Landschaftsschutz, Verkehrs- u. Wirtschaftsraum,

Nutzungswandel, Tourismus

(Einfache Kartenarbeit: Höhenprofil)

[10 Std.]

Geographische Grundkenntnisse über

Europa (topographisch und thematisch)

(evtl. mit Hilfe einer stummen Karte den o.g. Themen zuordnen)

- große morphologische Einheiten (Flüsse, Gebirge, Nebenmeere, Ozeane)
- funktional-lebenspraktische Begriffe (Staaten, Ballungsräume)
- Raumvorstellung (2 maßstabsbezogene Distanzen)

[5 Std.]

Abbildung 12: Vorkommen des Themas Nord- und Ostsee im hessischen Lehrplan. (nach: Kultusministerium Hessen 2010, S. 13).

Unabhängig von den Themen ist auffällig, dass der Erdkunde Lehrplan der Sekundarstufe I aus Schleswig-Holstein bereits kompetenzorientiert aufgebaut ist. Für das Gymnasium sind sowohl die Themen als auch die Inhalte verbindlich. Die jeweilige Fachkonferenz an der Schule entscheidet eigenständig über eine Auswahl und Erweiterung der Inhalte und je nach Schulform auch die Aufteilung auf die vorhandenen Schulstunden. Im hinteren Teil werden Möglichkeiten skizziert wie der Lehrplan im Unterricht realisiert werden könnten. Neben der konkreten Vermittlung von Kompetenzen, fachspezifische Hinweise zum Unterricht, vertiefende Unterrichtsinhalte und Anregungen für fächerübergreifendes Arbeiten zeigen Themenbeispiele aus unterschiedlichen Jahrgangsstufen wie diese umsetzbar sind. Dagegen bestimmt der hessische Lehrplan für eine bestimmte Schulform die konkreten verbindlichen Inhalte für jedes Halbjahr mit der jeweils zur Verfügung stehenden Stundenanzahl. Fakultative Unterrichtsinhalte und Hinweise zu übergreifendem Unterrichtsfächern ergänzen den detaillierten Lehrplan. Im Zuge der Reform des deutschen Bildungssystems möchte das hessische Kultusministeriums zwar noch Bildungsstandards für alle Fächer erarbeiten, dies ist aber zum aktuellen Zeitpunkt für das Fach Erdkunde noch nicht geschehen.

2. Lehrbuchanalyse

2.1 Lehrbuchanalyse Terra Erdkunde für Schleswig-Holstein, 5./6. Klasse für Gymnasien[5]

In der neubearbeiteten Schulbuchauflage im Kapitel „Wie wir in Deutschland leben" werden neben dem Norddeutschen Tiefland, die Mittelgebirge und das Hochgebirge angesprochen. Ausführlich wird jedoch auf das Leben an der Nordseeküste (Ebbe und Flut, Nationalpark Wattenmeer, Leben im Watt) eingegangen. Eine Einführung in die Methode des Lernens an Stationen mit einem konkreten Leitfaden wie beim Thema

[5] Siehe Anhang 5

Nationalpark Wattenmeer vorgegangen werden könnte, anschauliche Fotos, Skizzen und Diagramme ergänzen das Lehrbuch.

Das Schulbuch ist für die Altersgruppe anschaulich und verständnisvoll aufgebaut, beschäftigt sich mit lebensnahen Inhalten wie dem Naturphänomen von Ebbe und Flut. Auffällig ist, dass diese Thematik einen Großteil des Kapitels einnimmt und den Schülern die Besonderheit des Nordsee-Raum durch weitere Informationen wie zum Nationalpark Wattenmeer anschaulich erklärt.

2.2 Lehrbuchanalyse Terra Erdkunde für Hessen - Band 1 für Gymnasien[6]

Dagegen steht im Schulbuch für Hessen die Thematik „Tourismus verändert die Landschaft" im Mittelpunkt. Explizit werden auf wenigen Seiten die Nordseeküste, der Unterschied zwischen Nord- und Ostsee, die Gezeiten und die Urlaubsinsel Langeoog behandelt. Fotos (Wattboden, Hallig) und Schaubilder (Gezeitendiagramm, Küstenstruktur) ergänzen die Thematik.

Für Schüler gibt dieses Schulbuch nur einen kurzen Einblick in den Lebensraum Nordseeküste und zeigt eher auf, was Schüler bei einem Urlaub an der Küste beachten müssen. Gerade für Schüler, die nicht in Norddeutschland leben, wäre es wünschenswert, wenn durch weitere Fotos und Informationen noch intensiver auf den Lebensraum an der Nordseeküste eingegangen wird.

3. Unterrichtsentwurf: Einführung in den Lebensraum Wattenmeer (Klasse 5)[7]

3.1 Vorbereitung

Für den Einstieg wähle ich eine Gruppenarbeit mit vier Themenkomplexen (Wattwurm, Muschel, Fisch, Vögel) aus. Als Anregung und Grundlage der meisten Texte dient ein

[6] Siehe Anhang 6

[7] Der Unterrichtsentwurf last sich im Anhang 7 finden.

Unterrichtleitfaden des WWF. Um den Stundeneinstieg anschaulich zu gestalten und die Schüler für ein sie interessantes Thema zu begeistern, sollen einzelne Fotos der Wattenmeer-Bewohner wie Muscheln, Seehund oder Vögel von der Klasse als Gegenstand der Stunde identifiziert werden. Dazu habe ich eine Overheadfolie und Fragen wie ‚Wer beschreibt mal was zu sehen ist' und ‚Wer hinterlässt welche Spuren im Watt' vorbereitet. Ich würde eine seitliche Position am Fenster wählen, um allen Schülern einen guten Blick auf die Fotos zu ermöglichen und gleichzeitig unruhige Schülergruppe besser im Blick zu haben.

In einer Praxisphase bestehend aus 4er Gruppen (zwei Gruppen bekommen den gleichen Text) solle ein auf die Zielgruppe zugeschnittener Text gelesen und Fragen beantwortet werden. Die Schüler der jeweiligen Gruppe müssen miteinander kooperieren, um zu einem gemeinsamen Ergebnis zu kommen. In der Abschlussphase sollen die Antworten an der Tafel durch eine der beiden Gruppen präsentiert werden. Als Unterstützung sollen auf einem Blatt abgedruckte Fragen der jeweiligen Gruppen dienen, damit allen Schülern für eine Lernkontrolle die gleichen Inhalte zur Verfügung stehen.

Ich wähle unterschiedliche Farben für die einzelnen Gruppen aus, um beim Austeilen einen besseren Überblick zu haben, welche Gruppen nebeneinander sitzen werden. Die Gruppenüberschriften drucke ich auf gelbes Papier, da die Farbe sich gut als Signalfarbe von der Tafel abheben kann und eine angenehme Atmosphäre verbreiten soll.

3.2 Verlaufsplanung

Lernziele	Unterrichtsverlauf	L.-S.-Aktivitäten	Medien	Zeit
Schüler sollen - Fotos beschreiben - Thema formulieren - selbst Gruppen bilden	**Einstieg:** Fotos zum Wattenmeer (geograph. Lage, Tiere, Watt)	L-S Gespräch	OH-Projektor	10'

- Text genau lesen - Fragen zum Text eigenständig beantworten - Antworten formulieren, präsentieren	**Erarbeitung** Gruppenarbeit	S agiert	Arbeitsblatt	15′
- erlerntes Wissen wiedergeben	**Ergebnissicherung**	S schreibt an S stellt Antworten vor	Tafel Arbeitsblatt	15′
	(Optional: Quiz)		Arbeitsblatt	5′

Aufgabe für die Stunde	Einführung in den Lebensraum Wattenmeer
Aufgabe für die nächste Stunde	Quiz

Anhang 1: Nationalpark Wattenmeer (Jahr unbekannt): Nationalpark Schleswig-Holsteinisches Wattenmeer. - <http://www.nationalpark-wattenmeer.de/sh/service/mediathek/fotos/864_karte-nationalpark-schleswig-holsteinisches-wattenmeer> (Stand: unbekannt) (Zugriff: 26.10.2011).

Anhang 2: Nationalpark Wattenmeer (Jahr unbekannt): Nationalpark Hamburgisches Wattenmeer. - <http://www.nationalpark-wattenmeer.de/sites/default/files/imagecache/volle_breite/media/images/karte_nphw_2002.jpg> (Stand: unbekannt) (Zugriff: 26.10.2011).

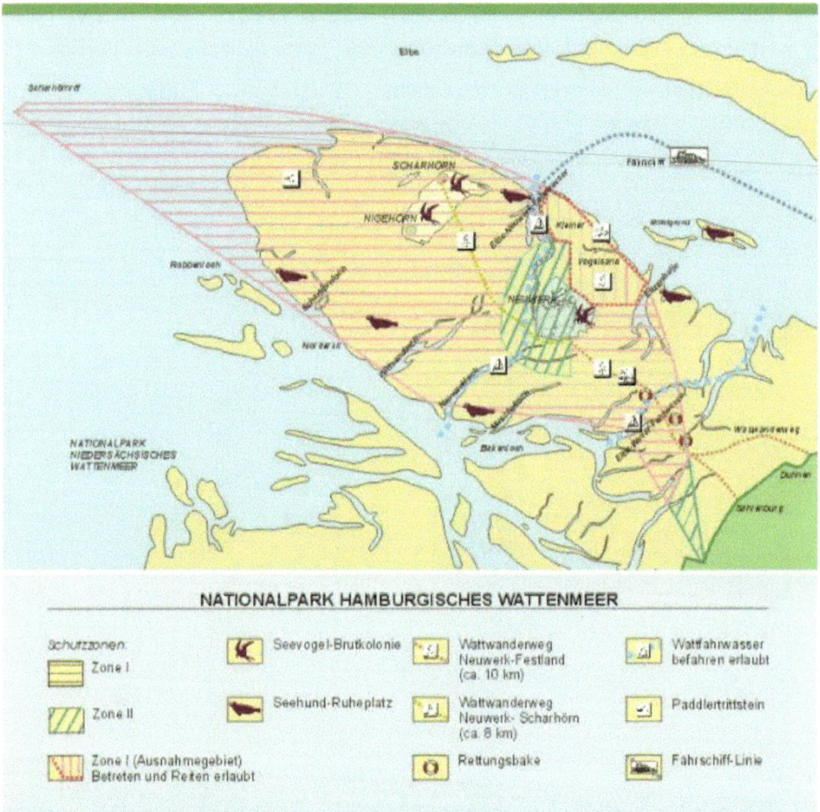

Anhang 3: Nationalparkverwaltung Niedersächsisches Wattenmeer (2006):

Übersichtskarte Niedersächsisches Wattenmeer. S. 11.

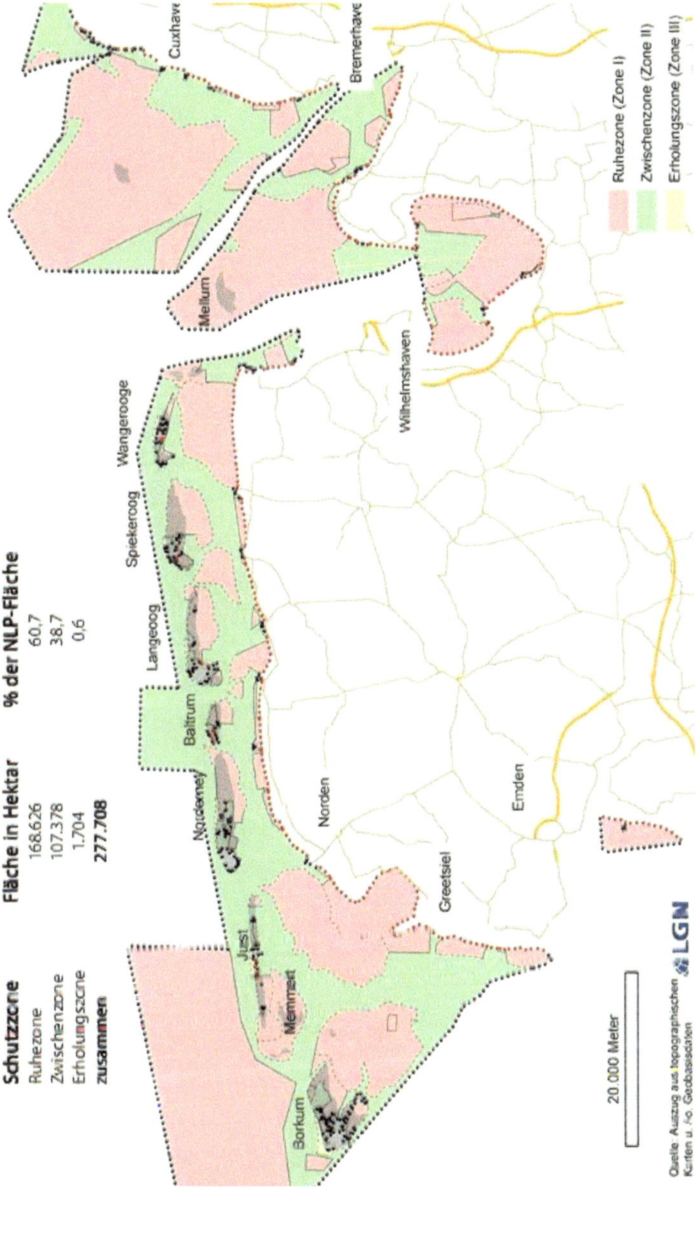

Anhang 4: Common Wadden Sea Secretariat (Jahr unbekannt): Anzahl der Robben im Wattenmeer seit 1975. - < http://www.waddensea-secretariat.org/news/news/Seals/Annual-reports/seals2008.html> (Stand: unbekannt) (Zugriff: 26.10.2011).

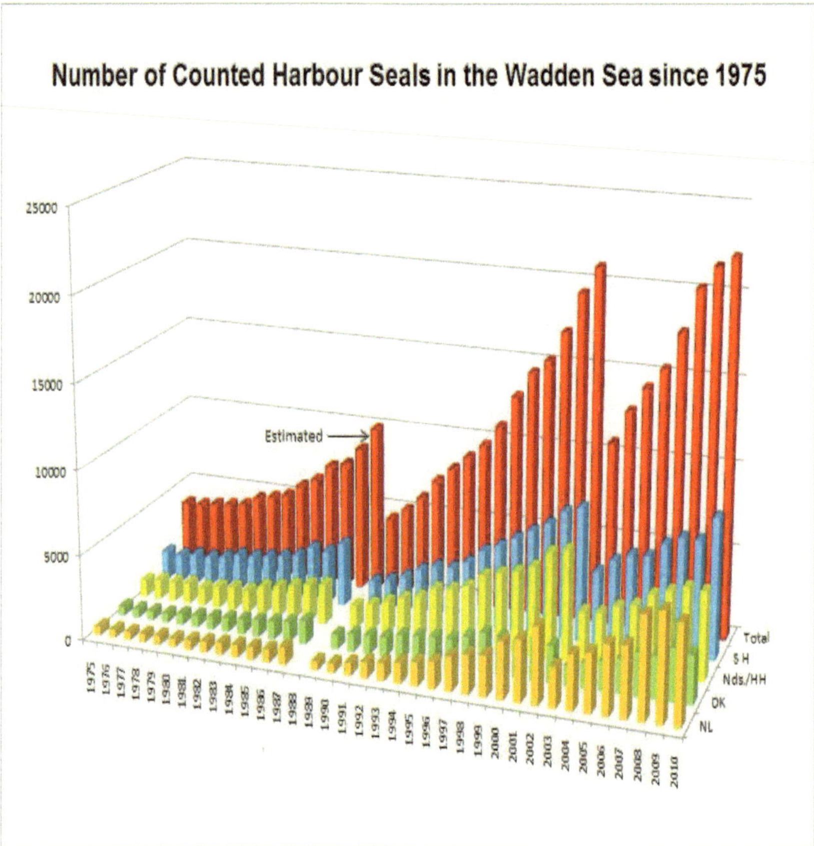

Anhang 5: Ernst Klett Verlag: Terra Geographie für Schleswig-Holstein. – <http://klettbib.id-on.de/978-3-12-104030-8/> (Stand: unbekannt) (Zugriff: 26.10.2011).

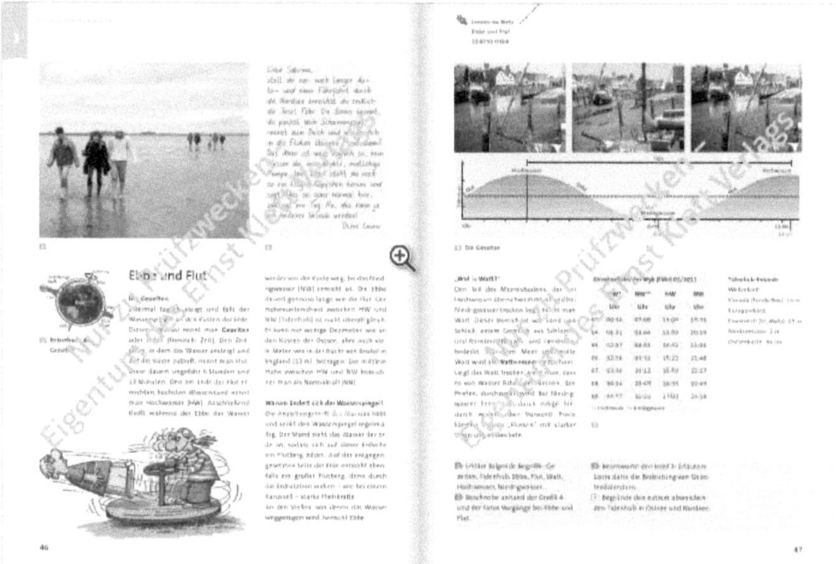

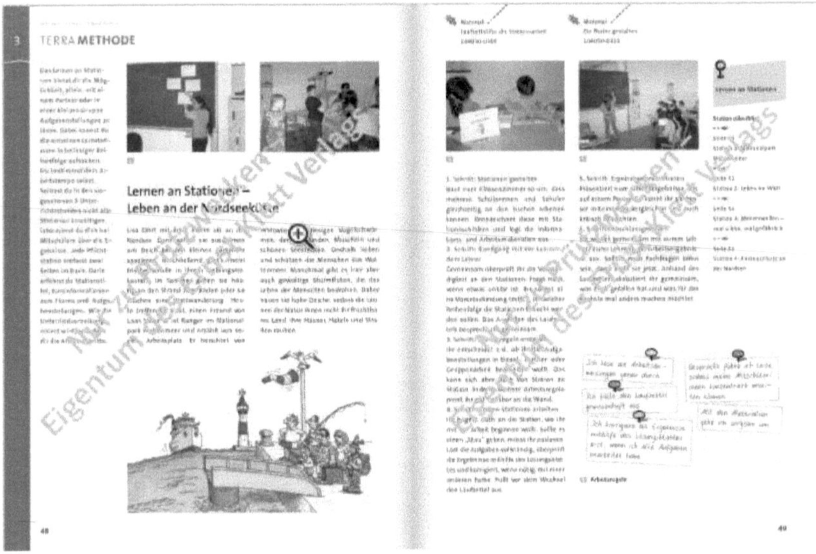

TERRA METHODE

Lernen an Stationen – Leben an der Nordseeküste

48

49

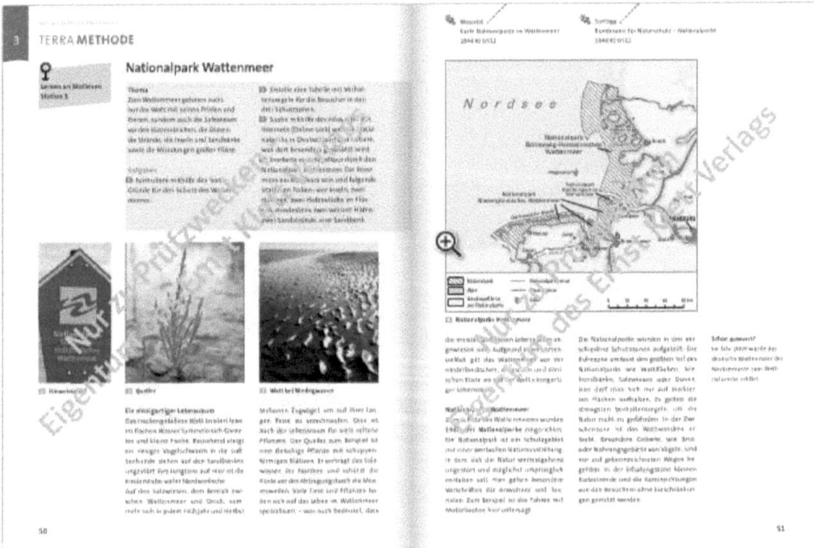

TERRA METHODE

Nationalpark Wattenmeer

50

51

TERRA METHODE

Leben im Watt

Anhang 6: Terra Erdkunde für Hessen Band 1 2004, S. 90 ff.

1

An der Nordseeküste

Das **Watt** besteht vor allem aus Schlick und Sand. Es ist zerfurcht von größeren Wasserläufen und kleineren, den **Prielen**.

Die Nordseeküste zeigt ein ganz anderes Bild als die Ostseeküste. Sie ist eine ausgesprochene Flachküste mit nur wenigen steilen Abschnitten. Der Küstensaum ist geprägt von dem ständigen Wechsel der **Gezeiten**, von Ebbe und Flut. An der deutschen Küste fällt bei **Ebbe** der Wasserspiegel um bis zu dreieinhalb Meter. Teile des Meeresbodens werden dabei freigelegt. Den freigelegten Meeresboden nennt man **Watt**. Bei **Flut** steigt der Wasserspiegel an: das Watt wird wieder meeresbedeckt. Hier ist das **Wattenmeer**, das einen auf der Welt einmaligen Lebensraum für viele Tierarten darstellt.

Das Wattengebiet macht den besonderen Reiz der Nordseeküste aus. Kaum ein Urlauber versäumt es, an einer Wanderung ins Watt teilzunehmen. Doch Vorsicht: Wattwandern ohne Wattführer ist lebensgefährlich! Die auflaufende Flut ist eine große Gefahr. Aber auch in Nebel und Sturm kann man sich leicht verirren.

An der Grenze zwischen Wattenmeer und dauernd bedecktem Meeresboden liegen zahlreiche Düneninseln, die West-, Ost- und Nordfriesischen Inseln.

Eine Besonderheit im Nordfriesischen Wattenmeer stellen die **Halligen** dar. Es sind zehn kleine Inseln, die kaum einen Meter über den Meeresspiegel hinausragen und nicht ausreichend gegen Sturmfluten geschützt sind, sodass sie häufig vom Meer überflutet werden.

2

3

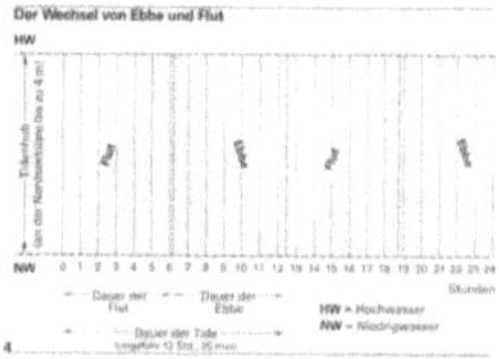

4

Nordsee und Ostsee

Die Nordsee ist ein **Randmeer** des Atlantischen Ozeans und hat eine breite Verbindung zu diesem Weltmeer. Die Ostsee hingegen ist fast völlig abgeschlossen. Nur über drei schmale Meerengen ist ein Zugang zu den Weltmeeren möglich. Man nennt einen derart abgeschlossenen Meeresteil ein **Binnenmeer**. Diese Lage führt dazu, dass an der Ostsee Ebbe und Flut kaum zu spüren sind. Nordseeküste bis zu 3,60 m Tidenhub, Ostseeküste 10 bis 15 cm.

5

1 a) Auf der Randspalte unten rechts stehen sechs Begriffe. Ordne sie den Zahlen 1 bis 6 in Zeichnung (7) zu.
b) Beschreibe die Fotos (1), (5) und (6).

2 Die Nordseeküste ist geprägt von den Gezeiten. Erkläre.

3 Viele Menschen verwechseln Flut mit Hochwasser und Ebbe mit Niedrigwasser. Kannst du den Unterschied erklären? Zeichnung (4) hilft dir.

4 Vergleiche die Nordsee- mit der Ostseeküste.

5 Arbeite mit dem Atlas:
a) Nenne die Namen der Ostfriesischen und der Nordfriesischen Inseln.
b) Suche die zehn Halligen.

6

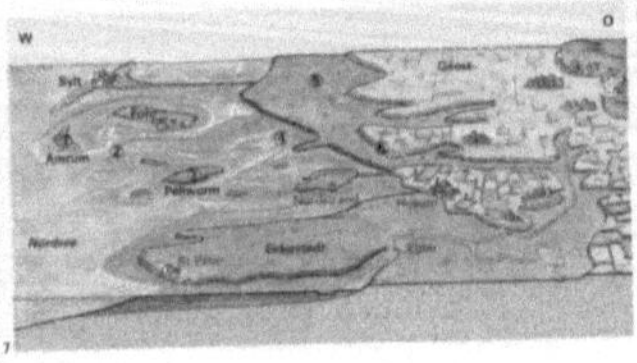

7

Deichvorland
Düneninsel
Geestrand
Hallig / Marschinsel
Marsch
Watt / Wattenmeer

1
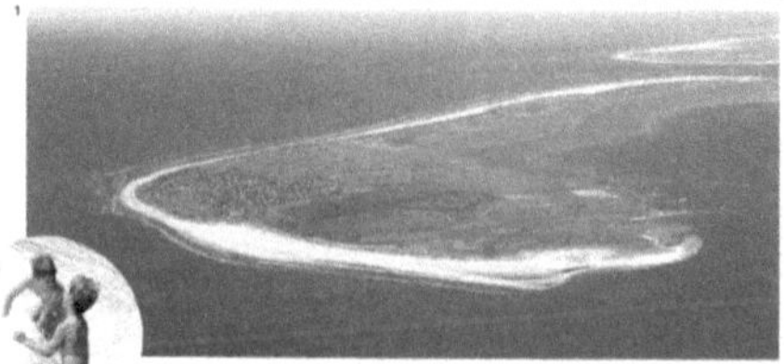

2

Langeoog – eine Urlaubsinsel

Langeoog: Gäste 1991

Monat	Zahl der Gäste
Januar	2 214
Februar	753
März	8 580
April	6 955
Mai	10 168
Juni	10 078
Juli	14 099
August	12 403
September	9 341
Oktober	10 245
November	–
Dezember	2 106
gesamt	86 942

3

Fünfmal täglich verkehren in der Badesaison die Passagierschiffe von Bensersiel nach Langeoog. Und jedes Mal bringen sie zahlreiche Erholungssuchende auf die Insel. Auf jeden der knapp 4000 Bewohner kommen in dieser Zeit fünf Feriengäste.

Warum ist die Nordsee neben der Ostsee zum beliebtesten Feriengebiet Deutschlands geworden? Das liegt vor allem am Meeresklima, der frischen Meeresluft und der intensiven Sonnenstrahlung, auch bei bedecktem Himmel. Dieses Reizklima wirkt auf den Menschen sehr belebend. Darüber hinaus ist die salzhaltige, staubfreie Luft sehr gut für die Atemwege. Viele Kinder und Erwachsene mit Atemwegserkrankungen verbringen deshalb hier einen mehrwöchigen Kuraufenthalt.

Den Feriengästen auf Langeoog werden viele Möglichkeiten geboten, sich sportlich oder anderweitig zu betätigen: Wellenbaden, Sandburgenbauen, Strand- und Wattwandern, Drachen steigen lassen, Sportwettkämpfe am Strand und vor allem Radfahren. Letzteres macht auf Langeoog besonders Spaß; die Insel ist nämlich autofrei. Doch etwa 5000 Radfahrer und zu viele unvernünftige Gäste, die durch die Schutzgebiete der Dünen und Salzwiesen laufen, sind nicht ganz problemlos.

An der Nord- und Ostsee, vor allem auf den Ferieninseln, verdienen

4

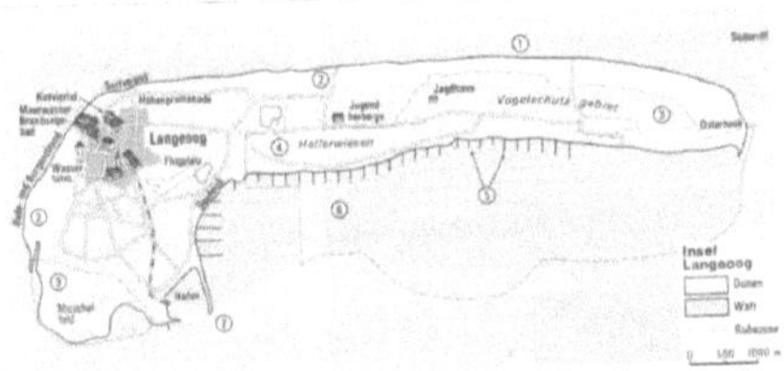

5

viele Bewohner im Fremdenverkehr ihr Geld. Denn die etwa fünf Millionen Gäste jährlich in Hotels, Pensionen oder Gaststätten wollen unterhalten und versorgt sein.

Auszug aus dem Tidenkalender für Langeoog

Datum	Hochwasser	Niedrigwasser	Badezeit
21. 7. 1992	4.32 / 16.36	10.27 / 22.57	13.30 – 16.30
22. 7. 1992	5.05 / 17.12	10.59 / 23.25	14.00 – 17.00
23. 7. 1992	5.39 / 17.51	11.33 / 0.00	14.30 – 17.30
24. 7. 1992	6.22 / 18.46	0.01 / 12.22	15.00 – 18.00

7

Was man als Tourist beachten sollte

Der Tourist verhält sich in seinem Urlaubsgebiet als Gast. Er nimmt also Rücksicht auf die Natur und schont die Tiere und Pflanzen. Er übersieht aber auch nicht die Interessen der Bevölkerung und vermeidet zum Beispiel zu viel Lärm.

6

1 Ordne den Ziffern in Karte (5) die richtigen Begriffe zu: Dünenzone, Landseite, Salzwiesen, Sandstrand, Seeseite, Wattenmeer, Lahnungsfelder.

2 „Nordseeklima – Heilklima". Erkläre mit Hilfe des Textes.

3 a) Übertrage die Zeichnung (4) von Seite 90 in dein Heft und erkläre alle Begriffe.
b) Erkläre, warum die Badezeiten (7) so festgelegt wurden.

4 Auch Wattwanderer müssen auf die [illegible] achten. Zu welcher Zeit [illegible] am 21. 7. eine vierstündige Wattwanderung unternehmen?

5 Badeorte [illegible] Einrichtungen zur Verfügung stellen, um ihre Gäste zufrieden zu stellen. Nenne einige mit Hilfe der Fotos (1), (4) und (6) sowie der Karte (5).

6 a) Beschreibe die Verteilung der Gästezahlen (3) im Verlauf eines Jahres.
b) Wann ist Hauptsaison? Begründe.

Anhang 7: Unterrichtsentwurf: Einführung in den Lebensraum Wattenmeer

Gruppe Fisch

Im Wattenmeer gibt es heute noch etwa 70 Fischarten. Am bekanntesten sind die am Boden lebenden Arten wie Grundel, Seeskorpion, Scholle und Seezunge. Viele Fischeier gelangen durch die Nordseeströmung ins Wattenmeer. Und weil es dort viele Nährstoffe gibt, gilt das Wattenmeer als ideale Kinderstube für Jungfische – vor allem für Scholle, Seezunge, Hering, Wittling und Hornhecht. Auf dem bei Flut überspülten Wattboden sind vor allem diese Jungfische oder kleine Arten wie die Grundeln zu finden. Eine Ausnahme ist die Meeräsche, die Algenbeläge vom Schlickboden frisst und bis in ganz flaches Wasser vordringt.

Schollen laichen im Winter bei Wassertemperaturen von > 6°C in bestimmten Gebieten der Nordsee, wobei ein Weibchen 50.000 bis 520.000 Eier abgeben kann. 10 - 20 Tage nach der Befruchtung schlüpfen die 6-7 mm großen Larven. Sie sind noch symmetrisch "fischförmig" und leben im Freiwasser. Die Umwandlung zum Plattfisch beginnt mit einer Größe von 10-12 mm. Dabei wandert das linke Auge auf die rechte Kopfseite, und die linke Körperseite wird zur Unterseite. Hauptnahrung der Schollen sind Muscheln, kleine Krebse und Würmer.

Typische Standfische, die immer hier bleiben, sind Seeskorpion, Aalmutter, Sandgrundel und Scheibenbauch. Sie werden allesamt nicht größer als 30 Zentimeter. Andere Arten durchqueren das Wattenmeer beim Zug in ihre Laichflüsse (Lachs, Meerforelle, Neunaugen, Schnäpel) oder auf dem Weg zurück ins tiefere Meer (Aal). Große Fische gibt es heute im Wattenmeer kaum noch. Früher konnte man dort noch Rochen und Störe fangen.

- Wieso nennen Biologen das Wattenmeer „eine Kinderstube für Fische"?
- Welcher Fisch verändert seine Körperform später noch?
- Was fressen Fische?

Gruppe Vögel

Etwa 70 Vogelarten leben im Wattenmeer – besonders Schnepfen, Strandläufer, Regenpfeifer, Gänse, Enten und Möwen. Die meisten von ihnen sind gefiederte

Weltenbummler: Das Wattenmeer ist für Zugvögel, die in der Arktis brüten, das wichtigste Rastgebiet in Europa. Hier fressen sich Ringelgänse, Knutts, Alpenstrandläufer, Kiebitzregenpfeifer und andere Vögel Fettpolster für die Tausende Kilometer langen Weiterflüge an. Im Frühjahr, wenn es zur Brut in die Arktis geht – nach Nordsibirien, Skandinavien, Grönland oder Nordostkanada. Und im Sommer und Herbst für den Weiterflug zur Überwinterung im Süden. Der führt viele Tiere bis nach Westafrika, einige sogar bis nach Südafrika und die Küstenseeschwalbe bis in die Antarktis. Manche Vogelarten überwintern auch im Wattenmeer oder an anderen europäischen Küsten. Zehn Prozent der Wattenmeervögel – das sind mehr als eine Million – brüten auch hier. Typische Arten sind Austernfischer, Rotschenkel, Küstenseeschwalbe und Silbermöwe. Die meisten ihrer Nester liegen in den Salzwiesen und Dünen direkt auf dem Boden. Die Vorteile für Vögel: Im Watt gibt es reichlich zu fressen und Feinde sieht man schon von weitem – idealer geht's nicht, um hier als Zugvogel zu rasten, als Brutvogel zu leben oder zum Mausern zu landen.

- Welche Vorteile gibt es für Vögel im Watt?
- Wo kommen die vielen Vögel her – und wohin fliegen sie weiter?
- Welche Vogelarten überwintern im Wattenmeer?

Gruppe Wattwurm

Borstenwürmer

Im Wattenmeer kann man fast 100 Borstenwurmarten finden. Besonders wichtig und bekannt durch seine Spaghettihäufchen ist der Wattwurm. Er frisst sich durch den Schlick, verwertet dabei die organischen Teilchen und scheidet den gereinigten Sand wieder aus. So filtert er die obere Schicht des Wattbodens. Alle Wattwürmer zusammen pflügen mehrmals im Jahr die oberen 20 Zentimeter des Wattbodens um – was für viele andere Bewohner gute Lebensbedingungen sichert.

Unter jedem Spaghettihaufen befindet sich in 20 cm Tiefe das Schwanzende eines Wattwurmes, der dort im waagerechten Teil seiner U-förmigen Röhre liegt. Der Wurm ist braun bis schwarz gefärbte, fingerdick, und durch seinen ausstülpbaren Rüssel, die roten Kiemenbüschel und sein dünneres Schwanzende unverwechselbar. Meist sind die

Würmer über Monate standorttreu, doch wandern sie im Lauf der Jahre vom küstennahen Schlickwatt in küstenferne Sandwatten. Der Wurm kann mehrere Jahre alt werden.

- Wie sieht er aus und wie alt wird er?
- Woraus bestehen seine Häufchen?
- Weshalb ist der Wattwurm so wichtig fürs Watt?

Gruppe Muschel

Muscheln sitzen meist im Boden vergraben, um sich vor Feinden zu schützen. Im Wattenmeer leben sieben Muschelarten. Die häufigste ist die Herzmuschel. Das etwa drei Zentimeter große Tier filtriert stündlich 2,5 Liter Wasser. Mit seinem Grabfuß kann es sich rasch im Boden vergraben. Im Mai geben die Weibchen bis zu 50.000 Eier ins Wasser ab, aus denen nach einmonatiger Larvenphase Jungmuscheln werden. Schon nach kurzer Zeit sind die meisten weggefressen. Herzmuscheln können mit Glück acht Jahre alt werden.
Sandklaffmuscheln stecken in etwa 30 cm Tiefe im Boden und versorgt sich durch ihren fingerdicken Sipho, in dem sich eine Ein- und Ausströmröhe befindet mit Atemwasser und Nahrungsteilchen.
Die blauschwarzen, etwa fünf bis zehn Zentimeter groß werdenden Miesmuscheln siedeln im Gezeitenbereich und auf dem Meeresboden. Man kann sie auch an Felsküsten und an Hafenmolen finden. Mit den von einer Drüse abgesonderten Klebefäden heften sie sich aneinander und am Untergrund fest und können so an geeigneten Standorten im Wattenmeer ausgedehnte Bänke mit mehreren tausend Muscheln pro Quadratmeter bilden. Zählt man auch die Seevögel, die hier reichlich Nahrung finden, dazu, beherbergt eine Miesmuschelbank etwa 100 Tierarten.

- Wie graben sich Muscheln ein?
- Wie und was fressen und atmen sie?
- Welche Muschel des Wattenmeeres gräbt sich nicht ein?

Quiz: Bist Du ein Wattenmeer-Experte?

1. Was gibt es nicht im Watt?

a) Schlick
b) Salzwiesen
c) Dünen
d) Felsen

2. Welcher Fluss fließt ins Wattenmeer?

a) Rhein
b) Donau
c) Elbe
d) Main

3. Wer macht Spaghettihäufchen im Wattenmeer?

a) der Seehund
b) die Herzmuschel
c) der Wattwurm
d) der Austernfischer

4. Wer ist ein Plattfisch?

a) Forelle
b) Flunder
c) Aal
d) Sandgrundel

5. Was tun, wenn man ein Robbenbaby findet?

a) laut schreien, um es wieder ins Wasser zu treiben
b) mit Sonnencreme einschmieren, damit es nicht austrocknet
c) mit Milch füttern, damit es nicht verdurstet
d) nicht berühren und die nächste Naturschutzstation informieren

Hinweis: 3 Antworten sind garantiert falsch. Man darf das auf keinen Fall tun.

6. Was ist der Queller?

a) ein Vogel
b) eine Pflanze
c) ein Fisch
d) ein Krebs

7. Welches Tier lebt nicht im Wattenmeer?

a) Zugvögel
b) Fische
c) Wal
d) Würmer

8. Welche Muschel siedelt auch außerhalb des Schlicks?

a) Miesmuschel
b) Fiesmuschel
c) Kiesmuschel
d) Griesmuschel

8 Richtige – perfekt: Du bist Diplom-Wattschützer!
6-7 Richtige – gut: Du kennst dich aus im Wattenmeer!
4-5 Richtige – mittelprächtig: Das reicht zum Wattwurmangeln!
0-3 Richtige – schlickschlecht: Unbedingt im Watt Urlaub machen!

ABRAHAMSE, J. (1977): Wattenmeer. - 2. Auflage. Neumünster.

ASMUS, H. & M. Ruth (1994): Muscheln: Biologie, Bänke, Fischerei und Kulturen. – In: Lozán, J. L., Rachlor, E., Reise, K., Westernhagen von, H. & W- Lenz (Hrsg.): Warnsignale aus dem Wattenmeer. - 122. Berlin.

BEHRE, K.-E. (1978): Das Watt. Ablagerungs- und Lebensraum. 2. Auflage. Frankfurt a. M.

Beukema, J. (1977): Nahrungsketten im Wattenmeer. – In: Muuß (Hrsg.): Wattenmeer. – 173-175. Neumünster.

BUND FÜR NATURSCHUTZ (2008) Übereinkommen zum Schutz der Meeresumwelt des Nordostatlantiks. - < http://www.gesetze-im-internet.de/bundesrecht/intmusch_bkg/gesamt.pdf> (Stand: 2008) (Zugriff: 26.10.2011).

COMMON WADDEN SEA SECRETARIAT (2009): Harbors and Shipping. Wilhelmshaven.

COMMON WADDEN SEA SECRETARIAT (2010a): The Wadden Sea 2010. Wilhelmshaven.

COMMON WADDEN SEA SECRETARIAT (2010b): The Wadden Sea Quality Status Report. Synthesis Report 2010. Wilhelmshaven

COMMON WADDEN SEA SECRETARIAT (Jahr unbekannt) Meeressäugetiere. - <http://www.waddensea-secretariat.org/tgc/MD-Stade-D/WSP-D/10Mammals.html> (Stand: unbekannt) (Zugriff: 26.10.2011).

COMMON WADDEN SEA SECRETARIAT (Jahr unbekannt) Wasser und Sediment. - <http://www.waddensea-secretariat.org/tgc/MD-Stade-D/WSP-D/02Wasser.html>

(Stand: unbekannt) (Zugriff: 26.10.2011).

Exo, K.-M. (1994): Bedeutung des Wattenmeeres für Vögel. – In: Lozán, J. L., Rachlor, E., Reise, K., Westernhagen von, H. & W- Lenz (Hrsg.): Warnsignale aus dem Wattenmeer. - 296-303. Berlin.

GÄTJE, C. & K. Reise (1998): Ökosystem Wattenmeer – Austausch-, Transport- und Stoffumwandlungsprozesse. – Berlin.

Haaften van, J. (1977): Fische. – In: Muuß (Hrsg.): Wattenmeer. – 133-141. Neumünster.

Institut der Fachdidaktik Biologie Der Universität Düsseldorf (Jahr unbekannt): Lebensbedingungen im Watt. - <http://www.uni-duesseldorf.de/MathNat/Biologie/Didaktik/Wattenmeer/lebensbedingungen.html> (Stand: unbekannt) (Zugriff: 26.10.2011).

International Maritime Organization (Jahr unbekannt): Particularly Sensitive Sea Areas. - <http://www5.imo.org/SharePoint/mainframe.asp?topic_id=1357> (Stand: unbekannt) (Zugriff: 26.10.2011).

Joenje, W. & V. Westhoff (1977): Flora der Vorländer und Dünen. – In: Muuß (Hrsg.): Wattenmeer. – 177-195. Neumünster.

König, D. (1977): Fauna der Vorländer und Dünen. – In: Muuß (Hrsg.): Wattenmeer. – 203-207. Neumünster.

Kultusministerium Schleswig-Holstein (o.J.): Lehrplan Sekundarstufe I Erdkunde. – k.A.

LANDESAMT FÜR DEN NATIONALPARK SCHLESWIG-HOLSTEINISCHES WATTENMEER (1999): Umweltatlas Wattenmeer. - Band 1. Stuttgart.

LOZÁN, J. (1994): Warnsignale aus dem Wattenmeer. - Berlin.

MANDERBACH, R. (Jahr unbekannt): Fauna-Flora-Habitat-Richtlinie. - <http://www.fauna-flora-habitatrichtlinie.de/> (Stand: unbekannt) (Zugriff: 26.10.2011).

NATIONALPARKVERWALTUNG NIEDERSÄCHSISCHES WATTENMEER (1999): Umweltatlas Wattenmeer. - Band 2. Stuttgart.

NATIONALPARKVERWALTUNG NIEDERSÄCHSISCHES WATTENMEER (2006): 20 Jahre Nationalpark Niedersächsisches Wattenmeer. - Wilhelmshaven.

NATIONALPARK WATTENMEER (Jahr unbekannt): Meeresgrund trifft Horizont. Tönning.

NATIONALPARK WATTENMEER (Jahr unbekannt): Niedersächsisches Wattenmeer. - <http://www.nationalpark-wattenmeer.de/nds/nationalpark/idee> (Stand: unbekannt) (Zugriff: 26.10.2011).

NATIONALPARK WATTENMEER (Jahr unbekannt): Schleswig-Holsteinisches Wattenmeer. - <http://www.nationalpark-wattenmeer.de/sh> (Stand: unbekannt) (Zugriff: 26.10.2011).

NATURA 2000 (Jahr unbekannt): Was ist die Fauna-Flora-Habitat-Richtlinie?. - <http://www.fauna-flora-habitatrichtlinie.de/> (Stand: unbekannt) (Zugriff: 26.10.2011).

OSPAR COMISSION (Jahr unbekannt): Hazardous Substances. - <http://www.waddensea-secretariat.org/tgc/MD-Stade-D/WSP-D/02Wasser.html> (Stand: unbekannt) Zugriff: 26.10.2011).

POSTMA, . (1977): Zusammensetzung des Wassers im Watternmeer. – In: Muuß (Hrsg.): Wattenmeer. – 103-108. Neumünster.

Schutzstation Wattenmeer (Jahr unbekannt): Salz im Meer. - <http://www.schutzstation-wattenmeer.de/wissen/wattenmeer/meereskunde/salz-im-meer/> (Stand: unbekannt) (Zugriff: 26.10.2011).

Schwarz, J. & G. Heidemann (1994): Zum Status der Bestände der Seehund- und Kegelrobbenpopulation im Wattenmeer. – In: Lozán, J. L., Rachlor, E., Reise, K., Westernhagen von, H. & W- Lenz (Hrsg.): Warnsignale aus dem Wattenmeer. - 296-303. Berlin.

Swennen, C. (1977): Vögel des Wattenmeeres. – In: Muuß (Hrsg.): Wattenmeer. – 149-161. Neumünster.

WWF (2008): Internationale Schutzgebiets-Kategorien der IUCN. Ort unbekannt.

WWF (2006): Unterrichtsfaden Wattenmeer. - In: http://www.wwf.de/fileadmin/fm-wwf/pdf_misc-alt/lehrer/Wattenmeer_Unterrichtsmaterial.pdf (Stand: 2006) (Zugriff: 09.10.2011)

Ziljstra, J. (1977): Seehunde. – In: Muuß (Hrsg.): Wattenmeer. – 143-147. Neumünster.